新 视 界 文 库
NEW HORIZON LIBRARY

REACHING FOR THE MOON

A THOUGHT-PROVOKING HISTORY
OF THE SPACE RACE

奔 月

一段太空竞赛往事

〔美〕 罗杰·劳尼厄斯 著

白建军 译

世界图书出版公司

北京·广州·上海·西安

图书在版编目（CIP）数据

奔月：一段太空竞赛往事 /（美）罗杰·劳尼厄斯著；白建军译 . —北京：
世界图书出版有限公司北京分公司，2023.9
ISBN 978-7-5232-0344-6

Ⅰ . ①奔… Ⅱ . ①罗… ②白… Ⅲ . ①空间探索—研究—美国 Ⅳ . ① V11

中国国家版本馆 CIP 数据核字（2023）第 059463 号

书　　　名　奔月：一段太空竞赛往事
　　　　　　BEN YUE

著　　　者　［美］罗杰·劳尼厄斯
译　　　者　白建军
责 任 编 辑　邢蕊峰

出 版 发 行　世界图书出版有限公司北京分公司
地　　　址　北京市东城区朝内大街 137 号
邮　　　编　100010
电　　　话　010-64038355（发行）　　64033507（总编室）
网　　　址　http://www.wpcbj.com.cn
邮　　　箱　wpcbjst@vip.163.com
销　　　售　新华书店
印　　　刷　中煤（北京）印务有限公司
开　　　本　880mm×1230mm　1/32
印　　　张　8.25
字　　　数　188 千字
版　　　次　2023 年 9 月第 1 版
印　　　次　2023 年 9 月第 1 次印刷
版 权 登 记　01-2019-0918
国 际 书 号　ISBN 978-7-5232-0344-6
定　　　价　49.00 元

目 录
CONTENTS

引　言　战后早期美苏的火箭技术　　　　　　　　　　　001

第1章　"斯普特尼克"之冬　　　　　　　　　　　　　015

冷战时期竞争的本质 / 国际地球物理年和太空时代的开端 / 美
国人对斯普特尼克1号的反应 / 实现"太空自由" / NASA 的
诞生

第2章　奔月首战　　　　　　　　　　　　　　　　045

月之梦 / 机器人使者和国际竞赛战术 / 月球软着陆无人探测
器 / 充分利用无人月球探测 / 解读

第3章　星际旅行者　　　　　　　　　　　　　　　069

初识"水星七杰" / 相较之下的苏联宇航员 / 训练第一批太空
探险家 / 太空第一人 / 首位太空女性 / 最初的飞行意味着什么

第4章　奔月的决定　　　　　　　　　　　　　　　101

肯尼迪与太空政策的早期制定 / 苏联的挑战又来了 / 重新评估
NASA 的当务之急 / NASA 的态度 / 决定 / 公共政策制定的典
范——"阿波罗"决策 / 肯尼迪与总统权限 / 苏联人决心与美
国展开登月竞赛

第5章 抢占先机 129

苏联火箭的研制：从 R-7 到联盟号 / 美国的运载火箭：红石、阿特拉斯和大力神 / 为两到三人建造的飞船：上升号和联盟号 / 双子星座：那对"双胞胎" / 太空行走 / 世界舆论的转变 / 登月竞赛有可能成为合作项目吗？

第6章 创造登月能力 157

为阿波罗计划做好准备 / 项目管理理念 / 我们怎么去月球？ / 美国的登月火箭 / 阿波罗飞船 / 阿波罗 1 号火灾事故 / 登月舱 / 苏联和美国的月球宇航服 / 苏联火箭技术

第7章 实现目标 189

阿波罗计划 – 土星 5 号硬件测试 / 阿波罗 8 号：第一次绕月之旅 / 阿波罗 11 号：重头戏 / 阿波罗 12 号：精确着陆 / 阿波罗 13 号：虽败犹荣 / 阿波罗 14 号至 17 号：科学收获 / 那又怎么样

第8章 启示 215

新环境意识 / 精湛技艺 / 科学回报 / 太空竞赛：自豪与声望 / 太空竞赛与进步理念 / 怀旧"阿波罗"

结　语 239
延伸阅读 247

引 言

战后早期美苏的
火箭技术

早在第二次世界大战结束之前，苏联火箭设计师谢尔盖·科罗廖夫（Sergei Korolev）与瓦连京·格鲁什科（Valentin Glushko）就已经是多年的竞争对手了。两人都对火箭技术的前景充满期待。格鲁什科小的时候，甚至还曾与宇航之父康斯坦丁·齐奥尔科夫斯基（Konstantin Tsiolkovsky）有过书信往来。二十世纪三十年代，科罗廖夫和格鲁什科都在火箭研制工作中发挥了关键作用。科罗廖夫是莫斯科火箭技术组织反作用运动研究小组（GRID）及其后继组织喷气推进科学研究所（RNII）的领军人物，格鲁什科也任职于此。当时科罗廖夫的观念占据主导地位，他主持建造了苏联第一艘火箭推进飞行器RP-318。而格鲁什科则隐没在科罗廖夫的光环之下，他的固执和自大也导致他对科罗廖夫所取得的成绩日渐不满。

1938年，约瑟夫·维萨里奥诺维奇·斯大林（Joseph Vissarionovich Stalin）执政下爆发的"大清洗"（苏联肃反运动）达到了巅峰。就在RP-318飞行器蓄势待发之际，科罗廖夫和格鲁什科却与其他航天工程师一起，被关押到了古拉格劳改营。喷气推进科学研究所的两位负责人伊万·科雷米诺夫（Ivan Kleymenov）和格奥尔基·朗格马克（Georgy Langemak）公开指责两人故意拖延研究所的工作进度，而且同情反布尔什维克主义。

格鲁什科在科罗廖夫被收监一事上也起了一定的作用，也许是因为受到胁迫，他在证言中告发了科罗廖夫，不过科罗廖夫也在自己的证言中告发了对方。两人都进了布特尔监狱，后来科罗廖夫被迫成为格鲁什科的手下并为其工作。由于"大清洗"的影响，在那种环境下，他们对彼此的憎恶之情进一步升级。格鲁什科和科罗廖夫都在古拉格劳改营里吃了不少苦头。第二次世界大战开始后，他们被送到劳教所，去开发新型军用武器。1941年，格鲁什科被任命为一家设计局的负责人，该机构主要研发液体燃料火箭发动机。尽管他与科罗廖夫依然相互憎恶，但他们还是协同合作，并于1944年设计出了RD-1 KhZ辅助火箭发动机，用于拉沃契金设计局的*La-7R*拦截机上。

第二次世界大战后期，格鲁什科和科罗廖夫注意到了纳粹德国韦纳·冯·布劳恩（Wernher von Braun）团队在V-2弹道导弹上取得的巨大进展。1944年初，德国使用V-2导弹在西欧发射了约3172枚弹头。这种导弹所取得的不俗战果，让格鲁什科和科罗廖夫得到了面见斯大林的机会，争取开发苏联人自己的弹道导弹。1945年，斯大林把他们二人（两人中格鲁什科更受信任）以及其他一些技术专家，从劳改营派到了德国的苏占区，去调查纳粹在弹道导弹方面所做的工作。起初，科罗廖夫负责监督硬件设备的抢运，格鲁什科负责审讯大量仍留在德国的V-2导弹工程师和技术人员，但很快科罗廖夫也参与到审讯工作中，并且赢得了装备部长德米特里·费多罗维

谢尔盖·科罗廖夫引领苏联进军太空，直到1966年1月离世

奇·乌斯季诺夫（Dmitri Fedorovich Ustinov）的信任。

1946年5月13日，斯大林签署命令启动苏联弹道导弹的研制工作。乌斯季诺夫指定科罗廖夫担任新创建的科研机构——第88研究所（NII-88）的负责人，开展弹道导弹研制工作，同时任命格鲁什科担任456设计局（OKB-456）的总设计师，负责开发火箭发动机。OKB-456，也就是后来的动力机械科研生产联合体（NPO Energomash），在之后的工作中设计了推力达340 kN的RD-170/RD-180系列液体燃料发动机。直到今天，这款发动机依然被用在全球多型火箭上。

科罗廖夫和格鲁什科两人的工作，对"二战"后美苏之间弹道导弹竞赛以及探月太空竞赛都至关重要。不管是在实现太空飞行的梦想，还是在二十世纪六十年代至八十年代通过发展洲际弹道导弹（ICBMs）推动核恐怖方面，两个人都扮演了关键角色。

1946年10月22日晚至次日凌晨，科罗廖夫将制造V-2导弹的米特尔维克地下工厂的200名德国员工集中起来，安置到位于莫斯科和列宁格勒之间谢利格尔湖地区相对舒适的生活区。不过这些德国人与科罗廖夫的工程师几乎没有直接接触，他们主要是协助从卡普斯京亚尔发射了几枚V-2导弹，在接受了一些书面的调查之后，于1950年至1954年被遣返回东德。

科罗廖夫利用苏联生产的零件复制了V-2导弹的设计，研发出R-1导弹。这些设计在二十世纪五十年代先后发展成了更加强大的R-2和R-5导弹。科罗廖夫于1954年5月20日获得批准开发R-7导弹（尽管早在1953年2月13日，斯大林在世时，就已批准了洲际弹道导弹的预先研究），这次也还是由格鲁什科制造为导弹提供动力的发动机。

　　苏联在1957年8月21日成功地测试了R-7导弹，这是一种最大有效载荷为5.4吨的两级洲际弹道导弹，足以携带核弹头飞行3500英里（约5600千米）。虽然它是世界上第一枚洲际弹道导弹，但R-7并不算是一种特别实用的武器，它需要巨大的发射平台、复杂的组装和发射程序、低温液氧氧化剂和无线电控制末段制导。另外，虽然它的射程令人印象深刻，但也就是刚刚够从苏联境内的发射场打到美国最北边的地区而已。因此，作为武器，苏联红军也仅是在北部的丘拉塔姆和普列谢茨克的八个发射平台上进行了部署。直到1959年5月13日，一些更实用的型号（例如科罗廖夫的R-9导弹）才开始研制。尽管如此，作为早期的太空探索运载器，R-7还是大有用处的。1957年，它把斯普特尼克1号（*Sputnik 1*）和斯普特尼克2号（*Sputnik 2*）都送入了轨道，1961年，作为首个载人航天任务的运载火箭，又将尤里·阿列克谢耶维奇·加加林（Yuri Alekseyevich Gagarin）和盖尔曼·蒂托夫（Gherman Titov）送入太空。通过格鲁什科的帮助以及两人在激烈竞争中所取得的成就，科罗廖夫倾尽全力引领着苏联开启了登月的探索。然而在1966年，科罗廖夫死于一次拙劣的医疗事故。任何挫折都无法与他的去世对苏联登月计划所带来的影响相提并论。毫无疑问，这种状况下只能由格鲁什科来承担起苏联的太空计划了。

　　罗伯特·吉尔鲁思（Robert R. Gilruth）和冯·布劳恩的职业生涯可以看作科罗廖夫和格鲁什科这种亦敌亦友关系的美国翻版。第二次世界大战后期，美国国家航空航天局（NASA）的前身——美国国家航空咨询委员会（NACA）的领导们对高速制导导弹和未来太空飞行产生了兴趣，他们在第二次世界大战末期设立了无人驾驶飞行器研究部门（PARD）。该部门由吉尔鲁思领导，当时他还只是兰利纪念航空实验室（NASA成立后更名为兰利研究中心①）一名年轻有为的工程师。

1945年7月4日，吉尔鲁思在靠近弗吉尼亚海岸的瓦勒普斯岛建立了隶属于兰利纪念航空实验室的实验场。在1947年至1949年间，美国国家航空咨询委员会从这个实验场发射了三百多个不同尺寸和各种类型的火箭，并于1947年发表了第一份关于火箭方面的技术报告——《制导导弹的空气动力学问题》。凭借这份报告，吉尔鲁思和无人驾驶飞行器研究部门填补了美国人在太空飞行知识上的空白。

之后在1952年，无人驾驶飞行器研究部门开始研发多级、高超声速、固体燃料火箭飞行器，这些飞行器起初主要用于空气动力加热测试，后来又用于研究大气再入的物理项目。1954年10月14日，无人驾驶飞行器研究部门发射了美国第一枚四级火箭，1956年8月发射了世界上第一枚试验性五级固体燃料火箭，速度达到声速的15倍（即5100米/秒）。在火箭技术方面取得的这些长足进步，使NACA在二十世纪五十年代成为对于太空探索日益重要的典型机构。

1958年美国国家航空航天局投入运营时，吉尔鲁思承担了首个标志性项目——水星计划（Project Mercury）的重任，该计划力图将首位美国宇航员送入太空轨道。多蒂·李（Dottie Lee）是在吉尔鲁思太空计划小组中工作的唯一一位女性工程师，她记忆中的吉尔鲁

———————
① 位于美国弗吉尼亚州汉普顿市。

思是一个"英俊、聪明的男人"。

"我工作的办公室差不多有七名男性，我就待在我的小角落里。"李在1999年的一次口述中回忆道，"吉尔鲁思在门口停下脚步，我能看到他。那些男人正在讨论，想要解决一个问题，他就在旁边听着。后来他就问了个问题，把他们的想法扳了过来，让他们重回正轨。然后他就转过身，面带微笑，走了出去……他没有告诉他们怎么做，他只是问了个问题……我就想：为什么其他人都不能像这个男人一样呢？"

吉尔鲁思领导NASA的太空计划小组完成了水星计划，后来他又担任载人航天飞行中心（即林登·约翰逊航天中心）的主任。这个中心主管双子星座计划（Project Gemini）和阿波罗计划（Project Apollo）。在那个英雄辈出的航天时代，他所在的机构负责招募、训练、监管宇航员以及载人航天项目。然而跟与这些项目相关的其他许多人，例如与他同时代的冯·布劳恩相比，他的名气要小得多。冯·布劳恩是纳粹V-2导弹项目的技术负责人，也是为美国建造了首个运载火箭、将航天器送入轨道的人。

后来，吉尔鲁思在休斯敦建立了隶属于NASA的林登·约翰逊航天中心，作为太空探索的大本营，并担任首任主管。二十世纪六十年代，吉尔鲁思在任职期间努力将载人航天项目作为一个整体进行开发。2000年吉尔鲁思去世时，他多年的助手克里斯·克拉夫特（Chris Kraft）评价说："他思想端正，富有领导力和判断力，能够知人善任，没有什么话语比这更能够形容他了。"

吉尔鲁思身兼数职，他既是一名工程企业家，又是一名开发者、管理者，致力于攻克多种复杂的技术和组织架构问题，他所拥有的远见卓识，帮助他在技术、财务、文化和社交管控方面完美地完成了不少艰苦卓绝的任务。2000年，时任林登·约翰逊航天中心主任的乔治·阿比（George W. S. Abbey）代表美国国家航空航天局致悼词时，对吉尔鲁思的职业生涯总结道："罗伯特·吉尔鲁思在各种意义上都是个真正的先驱者，是载人太空飞行之父。他的眼界、毅力和奉献精神勾勒出了美国太空计划的轮廓。在他的带领下，初出茅庐的载人航天飞行中心变成了如今人类外太空探索的前沿阵地。"

在美国，能与吉尔鲁思在事业上取得的成就相提并论的，当

罗伯特·吉尔鲁思（左）和韦纳·冯·布劳恩（右）在太空竞赛期间掌管了NASA下属最重要的两个中心。吉尔鲁思主管位于休斯敦的载人航天飞行中心（即后来的林登·约翰逊航天中心），而冯·布劳恩主管位于亚拉巴马州亨茨维尔的马歇尔太空飞行中心。两人在实现美国登月计划方面都扮演了重要角色

属德国英俊的流亡者——韦纳·冯·布劳恩。冯·布劳恩是二十世纪三十年代至七十年代最为重要的一位火箭开发者和太空探索的坚定拥护者。他从小研读儒勒·凡尔纳（Jules Gabriel Verne）和赫伯特·乔治·威尔斯（Herbert George Wells）的科幻小说，并在拜读赫尔曼·奥伯特（Hermann Oberth）及其他人的科幻作品中长大。1929年，十几岁的冯·布劳恩加入了德国火箭协会"宇宙航行协会"（VfR）。为了进一步实现他制造大型、高性能火箭的愿望，1932年，他开始为德国陆军开发弹道导弹。在整个"二战"期间，他一直在制造采用液体推进方式的V-2导弹。由于他的项目使用了制造多拉（Dora）巨炮的劳工和米特尔维克地下工厂的劳工，因而在战后引发了人们对他是否犯有战争罪的质疑。

V-2导弹长46英尺（约14米），重27 000磅（约12吨），飞行速度超过每小时3500英里（约5600千米），可以将2200磅（约1吨）重的弹头送达500英里（约800千米）外的目标。1942年10月首次飞行，1944年9月开始用于攻击欧洲范围内的目标。到战争结束时，已有3100多枚V-2导弹向安特卫普、伦敦和欧洲其他陆上目标进行了攻击。这些导弹的制导系统并不完善，许多没能命中目标点，但这种导弹能够无预警地对目标发起攻击，且攻击对象没有任何防御手段可以拦截，因此V-2导弹的恐吓作用要远大于它的杀伤力。

到1945年年初，冯·布劳恩就已经清楚地认识到，在与同盟国的对抗中德国无法取得胜利，于是他开始为战后做打算。在同盟国军队占领V-2导弹基地之前，冯·布劳恩就安排了他手下最得力的火箭工程师们，连同研究计划与测试设备一起，向美国人投降。作为回形针计划^①的一部分，冯·布劳恩和他的主要助手们因研发了新奇的V-2导弹技术而被带回美国。他们被安置在得克萨斯州的布利斯堡，为美军研制火箭，并在新墨西哥州的白沙试验场进行发射。1950年冯·布劳恩的团队搬到了亚拉巴马州亨茨维尔附近的红石兵工厂，他们在那里建造了美国陆军的第一代中程战略弹道导弹——丘比特（Jupiter）导弹，这种导弹可以将小型弹头投送到最远500英里（约800千米）外。

二十世纪五十年代，冯·布劳恩也成了美国著名的太空探索代言人之一。1952年他因出席该领域一项重要的研讨会而受到大众的关注，并于同年秋天由于在流行周刊《柯利尔》（Collier's）上发表了一系列文章，由此登上了美国舞台。五十年代中期，冯·布劳恩又在迪士尼的三部太空探索电视节目中亮相，这使他成了家喻户晓的人物。二十世纪六十年代，位于亚拉巴马州亨茨维尔的火箭团队转为了NASA的马歇尔太空飞行中心，由他们所建造的土星5号（Saturn V）火箭成功将宇航员送上了月球，由此，冯·布劳恩的地位变得更加显赫。

吉尔鲁思与冯·布劳恩就像科罗廖夫与格鲁什科一样，他们在太空竞赛期间一起工作，两人取得的成功依赖于彼此的成全。他们之间的关系与专业相关，有时合拍，但也常有分歧，二人之间关系复杂、竞争激烈，同时成就也令世人震惊，两个人中不管少了哪一个，都无法完成登月的壮举。1961年NASA实施阿波罗计划时，他们二人逐渐形成了一种休戚与共的关系。

_____

① Project Paperclip，"二战"期间美国吸收德国纳粹科学家的一项计划。——译者注

　　美国军方开展的弹道导弹计划为太空时代的开启拉开了序幕。整个二十世纪五十年代，所有的军队都致力于部署洲际弹道导弹，将弹头发射到位于地球另一端的目标。到五十年代末，推动导弹的火箭技术已经发展得足以将这一设想变成现实。这是一项具有革命性的发展，人类有史以来第一次有能力不需要踏足，甚至也不需要飞越就能从一片大陆攻击另外一片大陆。从某个角度来说，这项技术缩小了地球的面积，而曾经被两片大洋保护起来免受外界攻击的美国，也无法再依靠这一天然屏障了。美国以自身的实力向世界其他国家和地区发出信号，它可以向世界上任何一个地方投射军事力量。

　　洲际弹道导弹计划的作用不止于此，它还推动太空竞赛所需要的各项技术达到了成熟阶段。吉尔鲁思也许道出了那个躁动时期所有人的终极目标，这一目标直接导致了二十世纪五十年代后期到六十年代展开的太空竞赛。他在一次口述历史时说道："当你想着把一个人送上去时，事情就不同了。当有人在轨道上时，可以做很多事情。"这个目标激励着科罗廖夫、格鲁什科与冯·布劳恩和吉尔鲁思，他们从五十年代开始就为之倾尽全力，其中就包括一场声势浩大的登月竞赛。在这场竞赛中，任何一方都有可能成为第一个登上月球的国家，这取决于某些关键竞争的结果。这些工程师共同建造火箭，并发展其他必要的技术，使太空探索成为现实。这些人和成千上万个像他们一样的人，为实现太空飞行的梦想而付出了努力。

第 1 章

"斯普特尼克"之冬

在绝大多数美国人看来，位于华盛顿特区的苏联大使馆在1957年10月4日这天举行的晚间招待会并没有什么不同寻常的地方。这只不过是作为长达一周的一系列国际会议高潮的一场结束晚宴。在美国同苏联充满国际阴谋和暗潮汹涌的冷战世界里，这次招待会也是一个收集国家安全情报并在竞争对手面前搞些小动作以寻求优越感的机会。然而事实将证明，这次招待会与之前的截然不同，优越感确实有，但已绝非微不足道。那天晚上，苏联发表的公报在很大程度上改变了之后冷战的进程。

　　约翰·哈根博士（Dr. John P. Hagen）早早就来到了会场，想和几名苏联科学家聊聊，他们长年在国际科技组织中打交道，因此哈根博士把他们视为私人朋友。他想了解一下，苏联科学家们对把发射人造卫星作为国际地球物理年①（IGY）的一项活动有何感受。哈根博士是美国海军研究实验室（NRL）的资深科学家，他领导着美

<hr />

① 指从1957年7月1日至1958年12月31日的全球性联合观测活动。——译者注

国的先锋号计划①（Project Vanguard）。但目前该项目的火箭研发进度滞后，且经费超支，他想知道苏联的同行们是否也面临着同样的窘境，还是会如期在1958年发射卫星。

　　哈根博士在过去的一周当中备受煎熬。从9月30日星期一开始，国际地球物理年特别委员会（CSAGI）在华盛顿的美国国家科学院召开了为期六天的会议，讨论在国际地球物理年中关于火箭和卫星的研究。来自美国、苏联以及其他五个国家的科学家开会讨论各自的计划，并拟定了共享科学数据和研究成果的协议。然而，苏联人在会议上的发言让会议陷入了猜疑的混乱之中。几位苏联官员暗示，他们可能会在几周内发射科学卫星，而不是几个月。哈根博士开始担心，苏联科学家谢尔盖·波洛茨科夫（Sergei M. Poloskov）在会议第一天所作的发言——苏联正处于"发射第一颗人造地球卫星前夜"——并不是自吹自擂。哈根博士在想，对于他的先锋号计划和美国而言，苏联人率先发射卫星将意味着一个怎样的"惊喜"？

　　没等多长时间哈根博士就得到了答案。刚过下午6点，招待会就在大使馆二楼宴会厅开始了。《纽约时报》（New York Times）的科学记者沃尔特·沙利文（Walter Sullivan）也参加了这次招待会，宴会期间，他接到华盛顿分社主管一通忙乱的电话。从电话中沙利文得知，苏联国家通讯社塔斯社（TASS）刚刚宣布，世界上第一颗人造地球轨道卫星斯普特尼克1号已经发射成功。回到招待会现场后，沙利文找到了特别委员会的美国成员理查德·波特（Richard W. Porter），并低声告诉他："发射升空了。"一听到这个消息，波特

①　该计划包括建造"先锋号"人造卫星，以及用于发射卫星的"先锋号"运载火箭。——译者注

红润的脸庞变得更红了，虽然他也曾对斯普特尼克1号即将发射的消息心存怀疑，但如今事实摆在了眼前。波特在由科学家、政治家、记者、闲杂人员和间谍所组成的人群中穿梭，寻找美国在特别委员会的官方代表劳埃德·伯克纳（Lloyd V. Berkner）。

得知这一消息后，伯克纳带着他优雅风度所特有的那种魅力，作出了反应。他拍了拍手，示意大家安静下来。"我想宣布一件事。"他说道，"我刚刚从《纽约时报》处获悉，一颗苏联卫星现在正运行在距地面900千米高的轨道上。我希望向我们的苏联同行所取得的成就表示祝贺。"在宴会厅的另一侧，哈根博士的脸色变得苍白，苏联人击败了先锋号计划向太空发射卫星的努力。难道他们真的就像他们的领导人向每个人大声宣称的那样，是地球上最伟大的国家？难道他们真的就像苏联领导人尼基塔·赫鲁晓夫（Nikita Khrushchev）1960年在联合国大会上所宣称的那样，将要埋葬我们？美国还能做些什么才能在一定程度上挽回它的国际尊严呢？

招待会上，科学家们立刻停了下来，前往苏联大使馆的顶层抬头仰望，但他们用肉眼根本看不到卫星。事实上，在人们还不知道它存在的时候，斯普特尼克1号已经两次进入美国的探测范围，对美国来说，探测到它的运行并非难事。次日早上，在国际地球物理年的会场上，苏联首席代表阿纳托利·布拉贡拉沃夫（Anatoli A. Blagonravov）详细地介绍了发射细节和航天器的情况，特别委员会正式对苏联人取得的科学成就表示祝贺。许多美国科技圈和政界人士都心照不宣，他们清楚地知道，苏联上演了一场声势浩大的政治宣传攻势，它现在可以正式宣称在一个重要的科技领域取得了领先地位。一夜之间，苏联的国际形象得到了大幅提升。

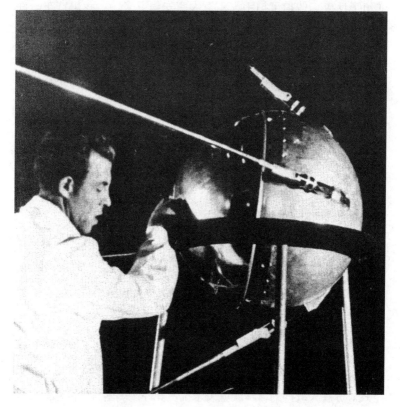

哈根博士在"斯普特尼克"之夜①感受到的内心震动在随后的日子里也将会持续徘徊在美国民众的心中。即便两代人的时间过去了,还是很难用语言来形容美国公众对于苏联卫星的反应。唯一能够恰当描述那种精神状态的就是"歇斯底里"这个词了。当美国社会也在为哈根博士的问题寻找答案时,随之而来的是集体的迷失与

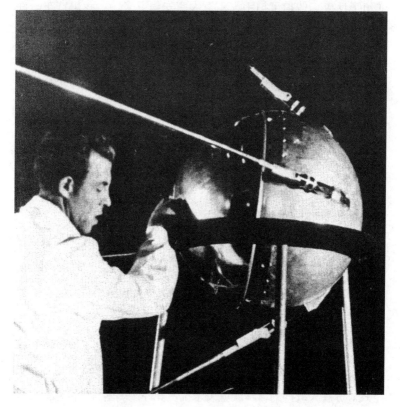

苏联工程人员在将于1957年10月4日发射的斯普特尼克1号卫星上完成一些最后的工作

① 指1957年10月4日至5日的那个夜晚。

反思。与此同时，两个定义时间的短语——"前斯普特尼克时代"（pre-Sputnik）和"后斯普特尼克时代"（post-Sputnik）被收入了美国词典。然而接下来，这两个词迅速被"太空时代"（Space Age）所取代。随着斯普特尼克1号发射升空，太空时代来临了，从此以后，世界将发生翻天覆地的变化。

冷战时期竞争的本质

正是因为长期以来美国与苏联之间剑拔弩张的关系，斯普特尼克1号的发射才产生了如此广泛的影响。从列宁领导"十月革命"、建立苏维埃政权开始，美国一直反对苏联通过财富的再分配来实现社会公平。在革命期间，美国军队曾进行了干预，支持更加"温和"的沙俄政府，但这些干预最终宣告失败，美国军队于1920年撤离了俄国。此后，美国拒绝承认苏联政府的合法性。直到1933年11月16日，富兰克林·罗斯福（Franklin D. Roosevelt）总统在华盛顿特区与苏联外交人民委员①马克西姆·李维诺夫（Maxim Litvinov）经过一系列谈判之后，美国结束了将近16年不承认苏联政府的状态。

由于美国曾经积极地阻止苏联的建立，所以两国之间始终维持着一种互不信任的氛围。这种长期存在的问题导致二十世纪四十年代后期两国之间冷战的不断升级，并且大大超出了军事层面的对峙。美国和苏联之间的这种竞争表现为两种不同的政治和经济制度

---

① 相当于外交部部长。——译者注

之间的全面竞争。虽然美国和苏联在第二次世界大战中结盟，以击败以纳粹德国为首的轴心国，但这种同盟是建立在"敌人的敌人就是朋友"这一核心认识之上的。同盟国一取得胜利，两国便重新回到紧张的关系中。

"二战"后，这两个针锋相对的国家几乎快要打起来了，那时双方都拥有足以毁灭对方的核武器。从二十世纪四十年代末一直到九十年代初，两国在中欧和东欧的未来问题上展开较量，彼此在冷战中对峙了近40年。事实上，世界上的任何一点风吹草动都有可能成为导火索。第二次世界大战结束时，美国试图将共产主义遏制在苏联控制的地区内。1947年7月，《外交事务》（*Foreign Affairs*）季刊发表了一篇题为"苏联行为的根源"的匿名文章，主张对苏联采取遏制战略。这篇文章的作者很快被揭露出来，就是美国国务院官员乔治·凯南（George F. Kennan）。他建议对共产主义势力的任何扩张行为都进行积极的对抗——把斯大林关在自己的圈子里，限制他开展任何国际事务。凯南写道："在很长一段时期内，我们仍将看到苏联人是难以对付的，但这并不意味着他们正在不惜一切代价推翻我们的社会。"

于是，"遏制"成了美国的官方战略。为了实现这一战略目标，美国在西欧、中东和东南亚建立了许多同盟。然而这项战略也引起了许多争端，其中一些几乎演变为全面战争。柏林封锁（1948—1949）、朝鲜战争（1950—1953）、越南战争（1955—1975）、古巴导弹危机（1962）、阿富汗战争（1979—1989）都加剧了紧张局势。其中古巴导弹危机几乎酿成核灾难。不过在这期间，紧张局势也曾有过缓和，特别是在二十世纪七十年代早期，两国建立了相对来说友好一些的关系。最后，直接的军事冲突被"确保互相毁灭"（Mutually Assured Destruction，简称MAD）的能力所替代，这个短语的意思是说双方的核打击能力将会把交战的双方都毁灭掉，而它的首字母缩略词则给出了对于这种行为再合适不过的评价——疯狂（mad）。

到1957年世界上第一颗人造卫星（即斯普特尼克1号）发射升空时，美国和苏联都面临着严重的战略挑战，两国都担心对方会进犯自己的领土。美国及其盟国密切关注着苏联在欧洲和亚洲的扩张，苏联及其盟国则认为自己被以咄咄逼人的美国为首的敌对国家所包围。此外，苏联没有足够靠近美国领土的军事基地来发动战争，但他们却能感受到美国驻扎在欧洲和亚洲的军事力量所带来的威胁。直到苏联成功发射了弹道导弹，这种情况才有所改变。

人们对这种地缘政治对抗有不同的看法，双方看上去都处于被包围的态势之中。一幅极地投影图显示，苏联被敌对力量所包围，其中大多数是美国的盟友，西边是欧洲，东边是亚洲国家。1952年后，北约盟国，如南边的土耳其，也为克里姆林宫制造了紧张气氛。这种被围困的感觉给苏联领导人带来强烈的心理影响，促使他们作出了一系列强势的回应。此外，二十世纪五十年代后期，早期弹道导弹时代，美国在土耳其和意大利部署的丘比特导弹上装载了核弹头，并在西欧其他地区以及日本和韩国部署了战略轰炸机。苏联领导人，尤其是斯大林和他的继任者赫鲁晓夫所表现出来的偏执，一部分或许就是源于这种被各种敌对势力包围所造成的影响，他们似乎永远都在寻求喘息的空间和缓冲地带，保护苏联免受攻击。

一幅更为常见的墨卡托投影世界地图显示了"二战"后苏联的扩张，它展现了斯大林将东欧纳入苏联控制下的好战行为。战争结束后，苏联将东欧的大部分地区纳入其势力范围，包括波兰、捷克斯洛伐克、罗马尼亚、东德和一些较小的国家。希腊和其他欧洲地区勉强避免了被苏联控制的命运。在这种背景下，产生了一种名为"多米诺效应"的外交关系理论，其支持者断言，如果一个地区的一部分受到共产主义的影响，那么周边地区很可能会效仿邻近的共产主义国家发动革命。德怀特·艾森豪威尔（Dwight D. Eisenhower）总统认可这一理论，他在1954年4月7日说道："竖起一列多米诺骨牌，把第一块推倒，最后一块会倒下是不言而喻的事实。因此，你将面临的是土崩瓦解的开端，而且具有最深远的影响。"历届美国总统都将这一理念应用到同苏联的关系中，为美国在世界范围内的干预提供了理由，以应对假想中来自苏联的威胁。

与此同时，美国人多年来一直担心苏联对他们的生活方式构成威胁，而尖端核武器的发展则加剧了这场对抗的风险。在这一点上，苏联对美国有着同样的担忧。美国在第二次世界大战中率先研制出原子弹，并于1945年8月投掷于日本广岛和长崎，这么做不仅是为了迫使日本无条件投降，也是为了向斯大林展示这种核武器的毁灭性威力。苏联随后在1949年引爆了自主研发的核弹。然后美国选择加码，在1952年测试了威力更大的热核武器，也就是氢弹，但苏联在次年也进行了氢弹的试验。苏联似乎在研发新型超级武器方面毫不逊色于美国。

1957年斯普特尼克1号卫星的发射，表明美国人在技术上输给了苏联人。1957年10月8日，投资银行家、共和党成员弗兰克·阿特休尔（Frank Altschul）就这个问题给艾森豪威尔总统写信，罗列了核武器优势的丧失、非苏维埃世界地位的全面衰退、苏联在中东的成功、匈牙利和捷克斯洛伐克反苏运动的失败、共产主义涉足东南亚以及西方世界的其他挫折。所有这些问题都使西方国家，特别是领头的美国，对冷战的结局产生了深深的怀疑。斯普特尼克1号不过是这一大串问题中的最后一根"稻草"，从而让它变成了一场危机。阿特休尔指出："西方世界应该寻求切实可行的办法，来扭转在苏联的公开进攻面前失败所导致的无能印象。"

国际地球物理年和太空时代的开端

国际地球物理年为太空时代的到来提供了极好的契机，它的诞生源于1950年夏天在科学家詹姆斯·范艾伦（James A. Van Allen）位于马里兰州贝塞斯达市家中的一场晚宴。后来，这项活动被赋予了各种传奇性的地位，从一场近乎神秘的科学家聚会变成了科学在现代生活中无处不在的权威地位的又一次宣示。从某种意义上来说，国际地球物理年可以被看作由范艾伦、英国物理学家西德尼·查普曼（Sydney Chapman）和美国科技企业家劳埃德·伯克纳牵头的密谋团体，为了将世界各国拉进一项激进的科学计划，让它们为一些此前从没设想过的大胆研究买单，而让科学界名利双收的"忽悠"。然而从另一个角度来说，国际地球物理年也可以解释为狡猾的政客操控科学界，为解决一项地缘政治问题而提供的借口。事实上这两种意味兼而有之。

在伯克纳的施压下，国际科学联盟理事会（ICSU）于1952年同

意进行一系列综合性的全球地球物理研究，时间跨度从1957年7月至
1958年12月。67个国家同意在1957—1958年太阳活动频繁期间开展
协作实验，来研究太阳与地球之间的关系。1954年10月，应基本上
同一群美国科学家的要求，国际科学联盟理事会质疑了一些国家使
用为战争研发的导弹来发射科学卫星作为支持国际地球物理年研究
计划的做法。

　　为了响应国际科学联盟理事会的公告，1955年5月26日，国家安
全委员会①（NSC）批准了一项科学卫星发射计划，作为国际地球
物理年系列活动的一部分。国家安全委员会的支持是临时性的，相
关工作不允许牵涉到弹道导弹的开发，必须强调这一计划的和平目
的，并为力争在国际法中建立"太空自由"原则做出贡献。艾森豪
威尔总统支持这项工作，并于7月29日公开宣布了利用国防部现有机
构研制和发射小型科学卫星的各项计划："在像国际地球物理年这
样的国际活动支持下，为了强调其和平目的……整个国家都能获得
巨大的威望和心理收益，但首先是要成功发射卫星……特别是在苏
联有可能第一个完成卫星建造的情况下。"

　　接下来就是美国海军研究实验室与陆军红石兵工厂之间对于研
制资格的竞争，冯·布劳恩正是红石兵工厂争取IGY卫星研发许可的
主导者。1955年9月9日，海军提出的先锋号计划被选中，击败陆军
的探险者（Explorer）提案，举起了为国际地球物理年系列活动发射
一颗非军事用途卫星的旗帜。做出这种选择，主要是因为美国海军
研究实验室的备选方案不涉及高优先级的弹道导弹计划，使用维京

①　美国国家安全事务最高决策、咨询机构。——译者注

（*Viking*）运载火箭作为研制基础；而陆军的提案则是建议改造弹道导弹用于卫星发射。此外海军的火箭载荷能力更大，用于科学研究看上去也更有潜力。而且维京运载火箭还是一套经过验证的系统，它的早期版本曾在二十世纪四十年代后期进行了首次飞行；而陆军推荐的红石（*Redstone*）火箭直到1953年8月才完成首次发射。最终，还是美国海军研究实验室的建议更容易接受，毕竟这个方案来自一所科学研究机构，而不是一家武器开发商（这里指的就是红石兵工厂）。

尽管艾森豪威尔总统批准了IGY卫星项目，但他对项目的开销还是很关心的，当每次评审中项目的开销和复杂程度好像都在增长时，他不断地想弄明白这个项目究竟还要公共基金为它掏多少钱，特别是由于原先认为先锋号计划与真正的国家安全项目（也就是具有更高优先级的弹道导弹计划）相比应该处于次要地位。先锋号计划从最初的成本预算迅速增长到1956年8月的6790万美元，以及1957年夏天的1.1亿美元。

在接下来的几个月里，艾森豪威尔政府对先锋号计划停滞不前的趋势愈加担心。艾森豪威尔总统特别担心科学仪器有可能正在减缓项目的进度。就在苏联将斯普特尼克1号送入轨道前5个月，正如总统助手安德鲁·古德帕斯特（Andrew Goodpaster）记录的那样，总统对他的高级顾问们提到"之前没有想到仪器这么昂贵……"，并且强调了"国家声望方面的因素……有赖于将卫星送入轨道，而不是卫星上面装载了什么样的仪器"。艾森豪威尔总统把先锋号计划预算上的增长理解为每个科学家看起来似乎都想往上面再加一个仪器，从而让"把一个随便什么样的卫星送入轨道"的简单任务变成了"发射一颗载有大量仪器的卫星"的项目，那是他印象中最为糟糕的一种技术膨胀。

冯·布劳恩和他在亨茨维尔的火箭团队坚信，他们会得到建造和发射美国第一颗卫星的授权。尽管败给了先锋号计划，他们仍然努力推动将他们指定为候补方案，以防先锋号失利。当先锋号计划陷入困境时，冯·布劳恩进一步敦促主管部门允许他们在竞争对手之前进行发射，并声称最早可以于1957年1月就把卫星送入轨道。但美国国防部在1956年7月5日的备忘录中宣布拒绝了这项请求：

> 虽然，先锋号团队的确并没有期望在1957年8月之前进行首次卫星发射的尝试，而陆军弹道导弹局（ABMA）最早在1957年1月就可以进行尝试。但作为一项没有后续计划的孤立行为，早早地尝试发射，也几乎什么都得不到。对先锋号计划而言，在首次飞行之后接下来的一年中，将会有另外5次的卫星发射计划。而对于陆军弹道导弹局的团队来说，如果不牺牲他们的主业，把顶级科研人员从丘比特导弹计划上调过来，或者说不把他们从刚起步的导弹大气再入试验中抽调出来，他们就不可能进行有成功把握的卫星发射尝试。况且也没有额外的经费。

拒绝这种做法的最终原因正是一开始总统所阐明的立场："明摆着会影响丘比特计划的进展，而且会导致激烈的争论，反对将科技成果转向其他用途。"

类似的问题同样考验着苏联的科学卫星研制工作。在二十世纪五十年代冷战的驱使下，苏联的成功是由科罗廖夫和格鲁什科不辞辛苦建立起来的，其间经过了成年累月系统性的、计划经济下的尝试，以实现被认为是军事能力方面的前沿技术。1954年年中，苏联的火箭研发计划得到了正式批准，不过主要是用来运送核弹头。科罗廖夫希望通过设计，使它也能够将一颗1.5吨重的卫星送入太空轨道。虽然在火箭研制计划的讨论中没有提到，但用它来发射一颗卫星的想法，从来没有远离参与这项技术研发人员们的思绪。

1955年8月2日，在对艾森豪威尔政府要在国际地球物理年期间发射一颗卫星的声明进行回应时，苏联正式加入到卫星发射的角逐当中。在哥本哈根苏联大使馆举行的一场新闻发布会上，当着大约50名记者，列昂尼德·伊万诺维奇·谢多夫（Leonid Ivanovich Sedov）宣布说："我认为在今后两年内发射一颗人造地球卫星是可行的。"他补充道："可以认为苏联的项目会在不久的将来完成，但我不想擅自把更准确的日期说出来。"

1955年8月30日，科罗廖夫同苏联国防机构的高层们谈论了IGY卫星。他获得许可放手去干，因为这将是在国际地球物理年期间关于苏联科学技术的一次强有力的展示。在那之后，他又去参加了另一个在莫斯科举行的与科学界的见面会（包括格鲁什科）。会上他告诉大家："运载火箭方面，我们希望在1957年4月至7月间进行首次发射任务……在国际地球物理年启动前。"所以，国际地球物理年的日程给了科罗廖夫一份时间表，要不是这样，发射卫星所需的大量工作几乎是不可能完成的。几天之内他们就有了一份充实的计划，他们的卫星将会完成对电离层、宇宙射线、地球磁场、上层大气冷光、太阳与地球关系以及其他自然现象的研究。苏联科学院欣然接受了这份计划，因为它能很好地满足国际地球物理年的科研目标，并能在世界舞台上展现苏联的能力。

1956年1月30日，苏联部长会议签发了第149-88ss号命令，苏联方面的工作获得了官方的认可。这份文件批准在1957年进行一次人造卫星（代号为目标D）发射任务，作为国际地球物理年的活动之一。项目归科罗廖夫设计局（OKB-1），格鲁什科和其他人为此提供支持。1956年2月，科罗廖夫在OKB-1接待了当时担任苏联总理的赫鲁晓夫，以便加强政府对于项目的支持。在给赫鲁晓夫展示巨大的R-7导弹时，科罗廖夫将话题转到"这款导弹的火箭可以实现众多目标"上，其中就包括发射IGY卫星。等到格鲁什科讲话时，他用无关紧要的技术细节把赫鲁晓夫给搞烦了，"他就像正在和附近林业研究所学习入门课程的学生谈话一样……而不是什么高级领导"。于是科罗廖夫搬出了德高望重的太空理论学家康斯坦丁·齐奥尔科夫斯基，并告诉赫鲁晓夫苏联人民很快就能用R-7火箭实现齐奥尔科夫斯基探索太空的梦想了。

科罗廖夫展示了一个目标D的模型，并向苏联总理暗示，美国人正专注于IGY卫星方面的工作，而这个模型代表了击败美国人的机会。他坚持认为R-7火箭就快准备就绪可以用于发射了，这款火箭除了能将目标D送入轨道外，还有富余的能量。最终，赫鲁晓夫有些迟疑地告诉科罗廖夫："如果主任务（弹道导弹开发）不受影响的话，就干吧。"所以在这次会面之后，苏联的IGY卫星项目开始了。

然而这项决定并不意味着科罗廖夫能得到他要求的全部经费，他不停地抱怨说需要更多的资源。1956年9月14日，他的密友姆斯季斯拉夫·弗谢沃洛多维奇·克尔德什（Mstislav Vsevolodovich Keldysh）与苏联科学院常务委员会会面时说明了相关情况。克尔德什提到或许可以将狗送入地球轨道，并暗示将来可以进行载人任务，这激发了委员们的兴致。"我们当然不能就停留在建造地球卫星的任务上。我们自然也在考虑接下来的太空飞行任务。我认为这些发展方向上的首选项目应该是绕月飞行，并从我们总是看不到的一侧对它进行拍照。"为了做到这点，他坚决要求："如果常务委员会能让下属的所有研究所认识到按时完成这项工作的必要性，那就好了……我们都希望我们的卫星比美国人的早一些升空。"

1957年8月21日，苏联成功发射了一枚R-7火箭，这是第六次尝试。火箭携带一枚假弹头飞了4000多英里（约6500千米）到达堪察加半岛。这次成功使科罗廖夫确信运载火箭已经可以投入使用了。然而目标D的研制却滞后了。于是他用一个不那么复杂的卫星顶了上来，一个仅183磅（约83千克）重的球形物体，带有无线电发射机、电池和一些不太复杂的测试仪器。这就是闻名世界的斯普特尼克1号，俄语意为"同路人"。

在1993年的采访中，曾经参与该计划的奥列格·伊万诺夫斯基（Oleg Ivanovsky）回忆了与卫星有关的一些问题：

> 为了实现所需的光学和热学特性，我们不得不寻找表面加工的新工艺。我们没有这方面工作的相关经验……科罗廖夫用他钢铁般的意志影响着人们的态度。党组织的指示被用油漆写在工厂的墙上。科罗廖夫就把卫星放在一个特制的架子上，盖上天鹅绒，为的是让工人们对卫星心生敬意。他每天都亲自监督生产计划的执行情况。

　　科罗廖夫就像着了迷，"他坚持斯普特尼克1号的两半金属球要打磨到闪闪发光，要一尘不染"，康斯坦丁·彼得罗维奇·费奥克蒂斯托夫（Konstantin Petrovich Feoktistov）回忆道。七年后，他作为上升号（*Voskhod*）的三名乘员之一，成为进入地球轨道的首位工程师宇航员。"实际上是无线电设备开发人员要求这样做的，"他补充道，"他们担心系统过热，希望在轨的球体尽可能多地反射太阳光。"

　　1957年10月4日，斯普特尼克1号在*R-7*火箭顶上发射升空。红军上校米哈伊尔·费奥多罗维奇·列布罗夫（Mikhail Fyodorovich Rebrov）回忆当时的情况：

　　　　没有人会知道当时谢尔盖·科罗廖夫脑子里在想些什么。稍晚些时候，当斯普特尼克1号被送到轨道上，呼叫信号响遍全球时，他说："我一生都在等待这一天。"点火升空的瞬间被多次描写过。然后火箭就飞出了无线电通信区。与斯普特尼克1号的通信中断了。无线电接收机所在的小屋子拥挤不堪，时间缓慢地流逝着，等待不断加重着人们的压力。所有的人都停止了交谈，安静极了。所能听到的只有人们的呼吸声，以及扬声器里的微弱的静电噪声……然后从很远处出现了信号，起初声音很小，随后越来越大。"哔哔——哔哔"的信号声证明它已经进入了轨道，开始工作。所有人又一次欢庆起来，到处是亲吻、拥抱和"乌拉"①的喊声。自己建造的"信使"从外太空发来了问候，使那些严肃的人们眼中噙满了泪水。

---

① 俄语语气词，语义类似于"万岁"。——译者注

美国人对斯普特尼克1号的反应

有人把苏联发射斯普特尼克1号这一事件称为"世纪冲击波"。但这一波"冲击"在接下来的日子里，在美国公众中也只是慢慢地荡漾开来。多数美国人似乎认为这颗卫星对美国并不构成威胁，因此祝贺的态度占了上风，许多人似乎还为苏联人的成功感到兴奋。同时，艾森豪威尔总统认可了"采取所有措施加速导弹和卫星计划"的必要性。他还向美国公众保证一切都没有问题，在1957年的10月，他主要就是干了这件事。

这一代美国人非但没有感受到威胁，反而似乎拥抱了太空时代的曙光，认为它是地球上以及地球之外，进步与美好未来的象征。他们在幻想"月球和火星上的人类殖民地、穿梭于星系海洋的巨大飞船，以及在封闭、过度拥挤、资源枯竭的地球之外拥有着无限光明的未来"中成长起来。像沃尔特·迪士尼（Walt Disney）这样的娱乐界领袖与冯·布劳恩和其他火箭设计者，共同激发着人们拥抱充满希望的太空和未来。在二十世纪五十年代初，公众就已经被灌输了太空飞行将会成为现实的观念，如今他们就看到了这种观念变成现实。作为一个美国人对斯普特尼克1号作何反应的例子，当时14岁的霍默·希卡姆（Homer Hickam）后来回忆道："那个明亮的小球穿过山脊线之间狭长的星空"，就在他位于西弗吉尼亚州科尔伍德的家的上空。希卡姆说，他由此受到启发而成为一名航天工程师，并将毕生精力投入到对太空的探索中。他只是许多人中的一员，不仅是美国和苏联，在世界各地都是这样。

事实上，最好的证据表明，斯普特尼克1号发射后，对未来前景的兴奋之情立刻占据了美国公众的注意力。三天后，社会人类学家玛格丽特·米德（Margaret Mead）和她的同伴罗达·梅特罗（Rhoda Métraux）就开始收集数据，测试美国人对斯普特尼克1号的反应。他们让全国各地的同事和朋友进行调查，在不同年龄、性别、种族、经济情况和社交群体中询问三个开放式的问题：

    1. 你觉得这颗卫星怎么样？

    2. 苏联把他们的卫星先送了上去，对此你有何看法？

    3. 你觉得我们能做些什么来进行弥补？

到10月18日，米德和梅特罗收集了2991个成年人的答复。回答说苏联的发射是意料之外的事的人很少，表示不知道这次发射的人更少。正如一位研究人员在一份关于这项研究的报告中总结的那样："看来，'应急调查'中的大多数被访者，不管他们是否事先掌握了人造卫星的知识，都从容不迫地接受了斯普特尼克1号的消息，并在受访时已经对这一主题形成了一种合乎逻辑而非情绪化的态度。"

这一评估与针对斯普特尼克事件反应的更为科学的分析相吻合。正如1958年10月的一项政府研究报告所述：

    对斯普特尼克事件意义的解读同样表明，公众的担心不是很大。民意调查发现，在华盛顿和芝加哥的受访者中，只有50%的人认为斯普特尼克1号对我们的声誉是个打击。60%的人认为，是我们，而不是苏联人，将成就下一个伟大的科学（实际上是技术）进步。《明尼阿波利斯明星论坛报》（*Minneapolis Star and Tribune*）的一项调查发现，该州65%的受访者认为，在苏联成功后30天内，我们就可以发射一枚卫星。这项统计的受访者中有56%受过大学教育。在民意调查公司的样本中，只有13%的人认为我们已经落后到了危险的程度；36%的人认为我们暂时落后了，但仍然会迎头赶上；46%的人说我们至少仍然与苏联并驾齐驱。

　　有充分的理由相信，对斯普特尼克1号的应对措施是一种政治建构。1957年10月17日，民主党战略家乔治·里迪（George Reedy）写信给得克萨斯州参议员林登·约翰逊（Lyndon B. Johnson），谈到如何利用斯普特尼克事件使党派受益时说："这个问题如果处理得当，会把共和党人赶走，使民主党人团结起来，并选你当总统。"里迪建议："你应该做好计划全力投入到这个事情当中去。只要坚持实事求是，不偏不倚，就不会被孤立。"

　　约翰逊和他的同事们利用手中掌握的各种资源，努力使斯普特尼克1号的发射最大化服务于他们的政治目标。1957年秋天，在得克萨斯州发表的两次演讲中，他代表许多美国人说道："苏联人在我们自己的游戏——原子时代勇于创新的科技进步中打败了我们。"由于这个冷战对手已经在太空站稳脚跟，所以约翰逊提议"深入仔细地审视一番"为什么美国的太空计划落在了苏联人后面。在提出所谓的斯普特尼克危机之后，他又主导了对美国国防和太空计划的广泛反思。最后，公众终于开始害怕这颗卫星所带来的后果了。

　　艾森豪威尔总统及其政府中的其他领导人向苏联表示了祝贺，

并试图淡化斯普特尼克1号所取得成就的重要性，但他们却误判了公众对这一事件的反应。民主党指责艾森豪威尔政府让苏联超越了美国。对许多人来说，斯普特尼克危机强化了人们的一种普遍看法，即艾森豪威尔总统是一个面带微笑的无能之辈，这次又是一个无所作为的高尔夫球总统①管理不善的例子。在民主党的推波助澜之下，公众开始把斯普特尼克1号看作技术差距的一个例证，这种观念推动了增加用于航空航天事业、科技教育计划的经费投入，以及建立新的联邦机构来管理航空航天领域的研发。苏联人不仅仅是首先进入了地球轨道，而且斯普特尼克1号也比美国人计划用先锋号发射的设计重3.5磅（约1.6千克）的第一颗卫星要大得多。这种能力上的失衡，在二十世纪五十年代末的冷战氛围中，预示着危险的后果。

　　1957年11月3日，对苏联取得的成功的担心又进了一步。那天，苏联成功地发射了第二颗卫星，这次简直就是个庞然大物，上面还带着一只名叫莱卡（Laika）的小狗。虽然第一颗卫星的重量不到185磅（约84千克），但这艘航天器却重达1120磅（约508千克），并在轨道上停留了近200天。艾森豪威尔总统为了消除公众的疑虑，立刻采取了行动来处理这个被看作在太空探索上与苏联存在差距的问题。他下令加快弹道导弹研制计划，将更多的政府工作精力放在科技上，还批准了探险者计划作为备用卫星计划，并任命了一名总统科学顾问。他还在华盛顿的科学家们的建议下，创建了总统科学顾问委员会（PSAC），该委员会于11月22日开始运作。

　　白宫宣布，美国将于1957年12月6日试射一枚先锋号运载火箭，

---

① 高尔夫球在历任美国总统中都很受欢迎，艾森豪威尔总统也热衷于此项运动。——译者注

这是对抗苏联在空间技术方面领先地位的第一次切实努力。媒体代表应邀见证了这次发射，希望他们能帮助公众恢复信心，但这是一场头等灾难。点火之后，火箭升到发射平台上方约3英尺（约1米）高的地方，晃了晃，然后就在火海中解体了。一直在狂热地工作以准备火箭发射的哈根博士沮丧极了。在接下来的一次测试飞行后，他感觉更糟了。1958年2月5日，先锋号运载火箭飞到了4英里（约6400米）的高度，然后就爆炸了。哈根为这些公开的失败痛哭流涕，他的一些同事后来认为他的职业生涯就此结束了，因为此后他再也没有担任过重要的职务。

在这场危机中，仰仗英俊而有魅力的冯·布劳恩以及他的德国移民火箭团队的美国陆军，重新启用了一项为国际地球物理年所做的未获批准的计划——探险者计划，并在极短的时间内进行了发射。经历了之前发射的失利，观察家担心美国可能永远无法复制苏联在太空飞行中所取得的成功，但携带探险者1号（*Explorer 1*）的丘诺1号（*Juno 1*）运载火箭于1958年1月31日晚上10点55分从佛罗里达州卡纳维拉尔角的发射场发射升空了。丘诺运载火箭基本上就是美国陆军弹道导弹局丘比特-C火箭的一个变体，其部分技术可以追溯到第二次世界大战的V-2导弹。

跟踪站的位置标明了火箭到达大气层上部的轨迹，但地面上的观察员还是不得不等待着卫星是否到达预定轨道的消息。当时冯·布劳恩正在五角大楼与其他国防部官员准备新闻发布会，他从卡纳维拉尔角收到消息，称火箭已经发射。他计算出来自探险者1号的遥测数据应该在凌晨12点41分整由"西海岸"（West Coast）跟踪站接收到。但那个时刻到了，又过去了，冯·布劳恩还在等待来自卫星的通信信号。终于，信号在凌晨12点49分出现了。喷气推进实验室（JPL）跟踪站确认了探险者1号的过顶消息。这一延误只不过意味着卫星比预期的轨道稍高了一些，飞行所需的时间变长了。

探险者1号卫星上携带了一个小型仪器，那基本就是一个盖革计数器[①]，用来测量环绕地球的辐射。这个仪器是由爱荷华州立大学物理学家詹姆斯·范艾伦制作的。它收集到的数据证实了地球磁场的存在，并发现了所谓的范艾伦辐射带，这种现象在部分程度上决定了大气中的电荷分布，以及到达地球的太阳辐射。1958年2月1日那天的晚些时候，在美国国家科学院举行了一场新闻发布会，冯·布劳恩、范艾伦和喷气推进实验室主任威廉·皮克林（William H. Pickering）宣布了卫星发射成功的消息。第二天早晨，标志性照片出现在全国各地报纸上。照片中，三个面带微笑的男子在成功地发射了美国第一颗人造卫星后，将探险者1号的原尺寸模型举过头顶。在此期间，先锋号计划也得到了额外经费以加快各项工作。1958年3月17日先锋1号最终被送入了轨道，证实了范艾伦辐射带的存在，并测量了其影响程度。

实现"太空自由"

斯普特尼克1号的发射实际上帮助了艾森豪威尔政府在国际法上确立"太空自由"的概念。当时公认的做法（未被普遍接受）是，允许各国合法登上和没收其海岸线附近领海内的船只、迫降在其领

---

① 一种专门探测电离辐射（α粒子、β粒子、γ射线）强度的记数仪器。——译者注

空飞行的飞机,但太空是一个尚未界定的领域。美国的立场是,太空应被视为不受正常领土界限限制的自由领域。然而,另一种相反的立场则主张将领土界限延伸至国土上方的太空,一直到无限远处。1955年7月21日,艾森豪威尔在瑞士日内瓦的一次首脑会议上会见了苏联人,力图达成太空自由协议,但对方很快就拒绝了这个提议。

这张标志性的照片来自1958年1月31日探险者1号发射后,在华盛顿特区美国国家科学院大楼内举行的新闻发布会。照片中举着火箭模型的是(左起)威廉·皮克林(喷气与推进实验室主任,探险者1号科学探索项目主管)、詹姆斯·范艾伦(项目科学首席调查员)和韦纳·冯·布劳恩(陆军弹道导弹局技术主管,该机构建造和发射了丘诺火箭,把探险者1号卫星送入了轨道)

　　但当斯普特尼克1号飞越美国和世界其他国家时，它定义了一个事实上的太空自由原则，艾森豪威尔有时也称之为"开放天空"原则。1957年10月8日，美国国防部副部长唐纳德·夸尔斯（Donald A. Quarles）对总统说："苏联人无意间在建立国际太空自由概念方面为我们做了件好事。"艾森豪威尔立即抓住了这一偶然的胜利，作为推动发射任何类型的卫星，包括那些为侦察设计的卫星进入轨道的依据。这一原则适用于后来的各种航天器。到1958年年底，一个脆弱的"开放天空"原则已经确立。阴差阳错间，苏联的太空计划使美国支持的自由飞越的主张得以实现。

　　一些人猜测，艾森豪威尔政府可能故意阻止了美国首先发射地球轨道卫星，以便让苏联人先行解决这项非常重要的飞越原则。毕竟，如果美国在苏联之前发射，赫鲁晓夫可能会抗议这样的飞行侵犯了他的国家领空。这可能会使太空自由概念陷入多年激烈的对抗性的国际谈判。虽然这是一种有趣的可能性，但没有证据表明艾森豪威尔政府密谋输掉了发射第一颗卫星的竞赛。由于斯普特尼克1号的存在，艾森豪威尔机缘巧合地获得了他想要的飞越权。

NASA的诞生

　　随着探险者1号的发射，艾森豪威尔政府所承受的应对苏联斯普特尼克1号的政治压力得到了缓解，但仍不足以阻止政府结构的转变。1957年到1958年的冬天，作为这场危机的直接产物，艾森豪威尔政府与国会领袖合作起草了一项立法草案，设立一个负责探索太空的常设联邦机构。在那个冬天，有许多个提案浮出水面。至少从艾森豪威尔的角度来看，最不能接受的是一项由两位民主党人，阿肯色州众议员约翰·麦克莱伦（John L. McClellan）和明尼苏达州参议员休伯特·汉弗莱（Hubert Humphrey），发起的成立科学技术部的提案，虽然艾森豪威尔对其他一些不那么雄心勃勃的计划也进行了抵制。

1958年2月4日，事情出现了转机，艾森豪威尔总统终于作出了让步，让他的科学顾问詹姆斯·基利安（James R. Killian）召集总统科学顾问委员会的委员们，提出设立一个新的航天机构的计划。在暗中考虑成立一个新的民用太空机构几个月后，总统科学顾问委员会与国会的工作人员合作，迅速提出了一项提案——将所有与太空探索有关的非军事工作置于强化并更名后的国家航空咨询委员会之下。

NACA，即美国国家航空咨询委员会，成立于1915年，旨在促进美国航空事业的发展，长期以来一直是一个规模小、结构松散、精英化的组织，并以其技术能力和不过问政治的文化而闻名。二十世纪五十年代，凭借罗伯特·吉尔鲁思领导下的一个机构的工作，该组织才开始进入与太空有关的研究和工程领域。尽管只是一个民用机构，NACA同时也保持着与军事部门之间的紧密联系，帮助解决那些与航空领域有关的研究课题，并为其寻找在民用领域的应用前景。其民用特质、技术上公认的超群之处，以及内敛、专注研究的形象，都使它成为一个颇具吸引力的选择。这可以满足艾森豪威尔所设想的限定范围内的工作需求，却又不会加剧与苏联之间紧张的冷战局势。

艾森豪威尔接受了总统科学顾问委员会的建议，并启动了立法程序，以便将NACA扩充为一个负责这项宽泛任务的机构，来"规划、指导和开展航空、航天活动"，让美国科学界参与其中，并广泛传播有关活动的信息。这就是将由总统任命的行政长官担任负责人的美国国家航空航天局，NASA。1958年夏天这段时间内，国会通过了《国家航空航天法案》，1958年7月29日经总统签署后正式成为法律。这让关于要创建哪种机构的争论画上了句号，而其他提议也都销声匿迹了。新机构于1958年10月1日开始运作，时间上距离斯普特尼克1号发射还不到一年。该机构的第一项任务就是开展载人太空探索项目——水星计划。从那以后，NASA就一直引领着美国载人太空探索的事业。

为了给该机构确定一个明确的方向，NASA的领导者们制订了一个为期十年的太空探索计划，着重于通过开发太空飞行器、载人航天、工程和科学研究以及太空飞行操控等领域，发展科学技术。这项为期十年的计划要求在1959年投入约125亿美元（相当于2019年的1000亿美元），以完成一项庞大的科学探测计划和一项载人航天计划，该计划将于1961年将第一名宇航员送上太空，并在1970年后的某个时间实现月球着陆。该计划还为开发新的发射运载器做好了准备，这会使美国在长期的太空活动中占据明显优势。这是一项适度、合理可行且前景乐观的计划，艾森豪威尔政府也同意为其优先拨款。NASA的第一任行政长官格伦南（T. Keith Glennan）在日记中写道："我和艾克①一致认为，作为一个国家，我们已经足够成熟，不会让其他国家左右我们的行为方式和应对策略。因此，我们反对

————————
① 德怀特·艾森豪威尔的昵称。——译者注

'太空竞赛'。就算我们想快速进步，也不能因为苏联人那样做了，就跟着去做蠢事。"但同时格伦南也认识到，苏联人完成了太空壮举，世界舆论也由此向苏联倾斜，美国不能再以按部就班的步调运作了。1959年11月他对总统讲道：

> 就我个人而言，我认为我们与苏联在太空领域的竞争不可避免，同时，我们也不应该对避免这种竞争抱有希望。相反，我们可以并且应该确定竞争的策略，在美苏竞争中为"太空竞赛"找到一个适当的位置。这样做的同时，我们还应当慎重考虑到太空活动在整个国际竞争中所起的特殊的、引人注目的作用。

格伦南选择的是一个深思熟虑的计划，有着明确的目标和漫长的时间表。

第 2 章

奔月首战

1958年至1960年期间，美国与苏联在一场无人的登月竞赛中开始了正面交锋，结果美国惜败。月球的魅力令人难以抗拒。1958年，急于显示自己在空间技术方面的领先地位，美国开始加快研究进度，欲将一系列先驱者号探测器送往月球。为完成月球飞行任务，空军共准备了三枚先驱者系列探测器，陆军准备了两枚。1958年至1959年的冬天，美国先后四次尝试将先驱者号探测器送至月球附近，却全部失败。其实所有探测器均未脱离地球轨道，不过，其中两枚获取了范艾伦辐射带外侧区域的首批研究资料。相比之下，苏联在1958年秋天经历了几次失败后，成功向月球轨道发射了几枚探测器。

　　这一成功有赖于苏联工程师们早期的研究能力。在科罗廖夫和格鲁什科的领导下，他们建造了大型运载火箭，而这方面美国还未做到。1959年1月，苏联人成功发射月球1号（*Luna 1*），探测器飞越月球，进入了绕太阳运行的轨道。接着又发射了月球3号（*Luna 3*），并传回了月球背面的照片，从而使苏联在月球探测中取得了首批重要的研究资料。虽然美国航天探测研究技术不及苏联，但冯·布劳恩和吉尔鲁思的巨大贡献促使美国人紧随其后。最终，先驱者5号（*Pioneer 5*）终于飞过了月球，但已无法弥补美国人的盛气与颜面。因此，月球探测的第一阶段显然以苏联获胜告终。

月之梦

月亮究竟有什么魅力让人如此痴迷？它就像挂在夜空中的银色圆盘，使人浮想浪漫和魔幻的画面。月亮也成为重要事件的预兆，既有好事，也有坏事。世世代代，盈亏之间便是人们对时间最精确的度量。自古以来，人们洞察月相变化，惊叹它的美丽与神奇。月亮在世界上许多宗教中出现过，也曾在基督教和其他宗教中占有一席之地。一些宗教把月亮看作女神，赋予其众多美誉和化身。

到目前为止，月亮是夜空中最具统治力，也是最多变的元素。它在不同种族、不同文化背景的一代代人心中，燃起了热情、喜悦、欲望、敬畏甚至恐惧之情。人们在它银白色的月光下终其一生。不同文化、不同时代赋予月亮的意义各有千秋，但人类还是为它的力量所痴迷。人们热衷描绘它的样貌、月相和它对地球上万事万物的影响。赏月，至今仍是人类体验中最古老的消遣活动之一。古代文明认为月亮通过超自然干预的方式主宰着人类的生活，近现代文明则将月球视为外星生命的家园。它赋予了诗人和艺术家、科学家和工程师、创造者和毁灭者以灵感。十七世纪初，随着望远镜的发明，也恰逢科学革命的兴起，月亮具有了新的意义，成了看得见、"摸得着"的地方。那里有可以叫得上名字的山峦、峡谷和环形山，还有可供研究的地理特征和地质事件。

随着科学革命的发展，人们断定月亮是一个具有坚实表面的地方，许多人开始琢磨前去造访的可能性。十七世纪开创性的天文学家约翰尼斯·开普勒（Johannes Kepler）写过一部小说《梦》（*Somnium*），于他去世之后的1634年出版。这部作品详细描述了一场关于登月之旅的神奇梦境，梦中游客们遇到了蛇形生物。开普勒还在书中加入了许多科学信息，推测了克服地球引力场的困难程度、行星的椭圆轨道特征、在太空真空环境中维持生命的问题，以及月球的地形地貌。

望远镜的发明和《梦》的盛行，引发了一些描述太空旅行的虚构作品。例如，西拉诺·德贝热拉克（Cyrano de Bergerac）1649年发表的《月球之旅》（*Voyage dans la Lune*），描述了主人公的多次登月尝试：起初，主人公把一串装满露水的瓶子绑在自己身上，当露水因太阳的热量而蒸发掉时，他就会被向上拉，但他只上升了到加拿大那么远的距离。接下来，这位主人公试图用弹簧弹射器从山顶上发射一艘飞船，"但是因为操作不当，我溅落到了下面的山谷中"。回到飞船那里时，他发现一些士兵正调皮地把鞭炮绑在他的飞船上。就在他们点燃导火索时，他跳上了飞船。一层又一层的爆炸物像火箭一样被点燃，把他发射到了月球上。这样，他就成为小说中第一个通过火箭推力到达月球的飞行者。这一试飞成功预示着牛顿第三定律[1]，即作用力和反作用力总是大小相等，方向相反。登上月球后，主人公进行了一番冒险之旅，后来前往了太阳。

---

[1]　1687年，艾萨克·牛顿（Isaac Newton）在《自然哲学的数学原理》一书中提出该定律。——译者注

　　虽然这些早期的虚构描述在科学上并不准确，但后来的科幻小说作家，像儒勒·凡尔纳（Jules Verne）和赫伯特·威尔斯（H. G. Wells）力求更高的准确性。两人都很清楚太空飞行的基础科学理论，他们的设想很好地反映了当时所知的另一个世界的本质特征。威尔斯和凡尔纳在他们的小说中所引入的对太空实际情况的理解，比以前看到的要复杂得多。他们的宇宙飞船变成了以电为动力的密封舱，也反映出相对正确的空气动力学原理。威尔斯和凡尔纳的大多数概念从某些（尽管不是全部）科学的角度进行推敲时都是站得住脚的。

　　例如，1865年凡尔纳出版了《从地球到月球》（*De la Terre à la Lune*）。尽管凡尔纳采取了戏剧化的处理，但融入这本书中的科学原理在那个时期还是相当准确的。小说描述了建造登月飞船和发射装置的问题所在。在这本书的结尾，凡尔纳小说中的人物们被一门900英尺（约270米）长的大炮射入太空。凡尔纳在小说第二部《环绕月球》（*Autour de la Lune*）中续写了这个故事，描写了一次环绕月球的飞行，但这部书中的人物并没有在月球着陆。同样，威尔斯在1897年出版了《世界大战》（*The War of the Worlds*），1900年开始出版《最早登上月球的人》（*The First Men in the Moon*），书中用坚实的科学原理描述了太空旅行以及与外星人的偶遇。

　　1902年，法国电影制片人乔治·梅里爱（Georges Méliès）拍摄了第一部月球探险电影《月球旅行记》（*Le Voyage dans la Lune*）。该片吸收了威尔斯和凡尔纳小说中的元素，即刻成了经典。儒勒·凡尔纳甚至抱病参观了片场。这部电影极具娱乐性，讲述的是科学家们用大炮把自己发射出去，到月球去探索，他们偶遇了那里的生命体，最终不得不逃回地球的故事。

自二十世纪二十年代开始，随着科幻小说和科学事实的相互充实，太空飞行的梦想看起来比以往任何时候都更加真实，太空热在全球范围内流行起来。实际上，在探测器登月竞赛前，人们对太空飞行的兴致一直没有什么变化。然而，随着时间的推移，太空飞行的意义发生了显著的变化，这反映了政治、文化和社会方面的类似变化。

太空热也使革命中的苏联沉迷其中。阿列克谢·托尔斯泰（Aleksey Tolstoy）成书于1923年的小说《阿爱丽塔》（*Aelita*），也称作《火星的衰落》（*The Decline of Mars*），被改编成了苏联最早的国产电影之一。1924年，该片由雅科夫·普罗塔扎诺夫（Yakov Protazanov）执导，梅兹拉庞电影制片厂（Mezhrabpom-Rus studio）制作。《阿爱丽塔》讲述了主人公洛斯（Los）乘火箭飞往火星，遇见了他的挚爱——阿爱丽塔（Aelita）女王，并领导了对执政长老们的起义。在这个过程中，他们在火星上建立了一个以苏联为榜样的工人阶级国家。这部早期科幻故事片的范例在苏联流行了很多年。

大约在同一时期的德国，赫尔曼·奥伯特（Hermann Oberth）出版了他的经典著作《飞往星际空间的火箭》（*Die Rakete zu den Planetenräumen*）。这本书阐述了火箭技术的数学理论，指导了实体火箭的合理设计，并考虑了空间站以及人类前往其他行星的潜在可能。

随着奥伯特1923年出版的《飞往星际空间的火箭》的成功，无声电影制片人弗里茨·朗（Fritz Lang）拍摄了一个关于太空旅行的冒险故事，也就是1929年的故事片《月亮中的女人》（*Frau im*

Mond）。朗对电影布景的技术方面要求尽善尽美，他邀请了奥伯特担任技术顾问。奥伯特和科学作家维利·莱（Willy Ley）在布景方面为朗提供了指导建议，建造了一艘逼真的飞船。到底是剧作家，朗甚至发明了倒计时来增加观众的紧张情绪，为火箭发射增加看点。作为这部电影的宣传噱头，奥伯特答应建造一枚真正的火箭，在《月亮中的女人》的首映礼上进行发射。然而，首映礼前两天，奥伯特发现火箭无法及时完工。但不管怎样，这部电影与设想中的月球之旅将空间技术和想象力完美地融合在了一起。

其他有关太空飞行的描绘也抓住了那个时代许多人的想象力。利用巴克·罗杰斯①（Buck Rogers）这一形象的成功，亚历克斯·雷蒙德（Alex Raymond）在1934年创作了《飞侠哥顿》（*Flash Gordon*）连环画，后续还发布了大量玩具、游戏、电影和其他衍生品。

这种科幻小说和科学事实的结合，说明了科幻文学作品和电影中的主流趋势很大程度上决定了公众对太空探索的看法和理解。随着现实和观念的融合，他们影响了公众的预期，进而促进了苏联和美国对太空探索议题的激进追求，并将月球作为了第一个目标。

因此，随着太空飞行变得越来越现实，作为距离地球最近的天文学意义上的"邻居"，以及人类造访和探索相对容易的目的地，月球便具有了更多的意义。冷战期间，在美国和苏联之间的激烈竞争中，月球对于先行到达的国家来说，具有成为公关成就的巨大潜力。二十世纪五十至六十年代，与月球有关的"首次"太空飞行的

---

① 二十世纪二十年代末开始，报纸、漫画、书籍、电影和纪念品中虚构的太空英雄形象。

数量清楚地表明，在太空时代的第一个艰苦卓绝的时期，月球探索被赋予了重要意义。从第一幅清晰的月球图像，到1969年至1972年间阿波罗号宇航员的登陆，月球的魅力再次推动了人类对其表面的探究。

机器人使者和国际竞赛战术

早在太空时代到来之前，月球就一直是谢尔盖·科罗廖夫和苏联太空计划的目标。赫鲁晓夫之所以支持太空开发，是因为它们所具有的宣传价值。他也意识到月亮在公众心目中的特殊地位。赫鲁晓夫批准使用改进的R-7火箭以及一种全新、功能更强大的上面级[①]，将探测器发射到月球。1958年，在相当严格的保密措施下发射的前三枚探测器均以失败告终。第一枚探测器名为Ye-1，于1958年9月23日发射，由一个类似斯普特尼克1号的加压球体组成，携带五种科学仪器，可以测量星际物质的气体成分、陨石颗粒、宇宙射线、月球和地球磁场，以及原始宇宙辐射中的重原子核。发射过程中，火箭失去了控制，并在93秒后解体。10月11日，在飞行104秒后，第二个探测器也因同样的原因解体。12月4日，第三次飞行持续了245秒，最后仍以失败告终。苏联政府从未透露过这些消息。

科罗廖夫认为，这些失败是因为项目资金不足，测试条件不够充分。他知道，是莫斯科的内讧导致了资金问题。当被问到失败的原因时，科罗廖夫打趣地说："难道你们认为只有美国火箭才会爆

---

① 上面级是指多级火箭第一级以上的部分。——译者注

炸吗？"与苏联的保密计划不同的是，先驱者号火箭的失败不断遭到美国媒体的报道和政客的批判。

　　1959年3月，在苏联的月球探测器取得成功后，先驱者5号成为第一个飞越月球的美国航天器。1958—1976年，苏联和美国向月球及其周围总共发射了60余枚探测器（图表1），而在月球探测任务（图表2）和无人探索方面的主要突破都来自苏联。

1959年10月，苏联派出的月球3号传回月球背面的照片，从而使苏联人在月球探测中获得了一项重要的"首次"突破。探测器发回了29张照片，覆盖月球背面70%的区域。由于无线电干扰和分辨率低，这些照片比较模糊，但月球的许多特征还是能显现出来的

图表1　1958—1976年发射的月球探测器[1]

	苏联	美国
发射的探测器数目（枚）	49	29
成功或部分成功的飞行任务（次）	22	15
运载故障导致的失败次数（次）	18	8
项目开始到第一次撞击月球之间的时间（年）	1	4
第一次月球软着陆之前的尝试次数（次）	10	0（首次尝试即成功）

图表2　1958—1967年月球探测中重要的"首次"[2]

成就	日期		
	苏联	美国	美国落后的时间
首次发射月球探测器	1958/9/23	1958/8/17	提前37天
首次发射探测器到月球附近	1959/1/4（月球1号）	1959/3/5（先驱者4号）	2个月
首次月球探测器着陆	1959/9/14（月球2号）	1962/4/26（徘徊者4号）	31个月
首张月球背面照片	1959/10/7（月球3号）	1966/8/23（月球轨道器1号）	70个月
首次月球软着陆	1966/2/3（月球9号）	1966/6/2（勘测者1号）	4个月
首个月球轨道飞行器	1966/4/3（月球10号）	1966/8/12（月球轨道器1号）	4个月
首次取得月壤数据	1966/4/3（月球10号）	1967/4/19（勘测者3号）	12个月

[1]　资料来源：根据月球与行星研究所"探月时间表"统计得到。参见https://www.lpi.usra.edu/lunar/missions/（访问时间2018年8月28日）。

[2]　资料来源：《1958—2006年NASA历史上的决定性事件》，作者为罗杰·劳尼厄斯（Roger Launius）、科林·费里斯（Colin Fries）、阿贝·吉布森（Abe Gibson）。参见https://history.nasa.gov/Defining-chron.htm（访问时间2018年8月28日）。

1957—1960年无人探测中的重大突破

　　1957年10月4日，首颗绕地卫星发射成功——苏联斯普特尼克1号。

　　1957年11月3日，首次活体动物入轨——小狗莱卡（Laika）随苏联斯普特尼克2号发射入轨。

　　1959年1月2日，首个脱离地球引力的人造物体发射成功，并进入绕日轨道——苏联月球1号。

　　1959年9月12日，首组月面清晰照片——来自苏联月球2号。

　　1959年10月7日，首组月球背面照片——来自苏联月球3号。

　　1960年8月6日，首次活体动物（两条小狗）轨道飞行后返回——搭乘苏联斯普特尼克5号。

　　在早期的太空探索中，美国的表现不尽如人意，虽然竭尽全力要赶上苏联取得的成就，但前期发射还是全军覆没。1959年12月，在第一批月球探测器失败后，美军喷气推进实验室就启动了徘徊者计划（Ranger Project），一定程度上就是为了应对前期发射失败导致的公关困境。1958年，NASA成立后，情况几乎没有改善。例如：1961年8月30日，喷气推进实验室重新划归NASA之后，第一枚徘徊者号进入了太空，但运载火箭将它送入了错误的轨道。1961年又遭遇了两次失败，1962年也有两次。于是，NASA对徘徊者计划进行了改进，一直到1964年才再次尝试发射。那时候约翰·肯尼迪（John F. Kennedy）总统已经许诺，美国将要把美国人送上月球，于是，该计划再次进行了调整，以便帮助人们更多地了解月球，确保宇航员能够存活下来。科学家们需要了解月球的构造和地形，以及月球表面的基本特征。月球表面是足够坚实到可以支撑着陆器的地面，还是由会吞没宇宙飞船的尘埃铺成？通信系统在月球上还能工作吗？地质、地理、辐射等其他因素会对宇航员造成影响吗？

为了回答这些问题，美国制定了三个完全不同的卫星项目。第一个便是改造后的徘徊者计划。NASA工程师们撤掉了徘徊者探测器上所有的科学仪器，只保留了一台电视摄像机，它的唯一任务就是在徘徊者号撞向月球时，拍摄到清晰的撞击画面，记录下这一历史时刻。1964年7月31日，第七枚徘徊者探测器传回了4316张漂亮且高分辨率的月球云海（Sea of Clouds）的照片。第八和第九枚徘徊者探测器也发射成功且运转正常。即便如此，在冷战期间的空间技术竞赛的战场上，美国看上去仍落在了苏联后面。

第二个项目是月球轨道器，该项目于1960年获批，目的是将探测器部署到环月轨道上。这个项目最初并不是为了给阿波罗计划提供支撑，不过在1962年和1963年进行了调整，以便进一步推进肯尼迪的指示。它能够测绘月球表面并捕捉到月球表面约95%（超过1400万平方英里，即约3600万平方千米）的画面，为阿波罗号宇航员选择着陆点提供帮助。除了一台能将照片发送到地面跟踪站的强力相机外，它还进行了三项科学实验：月面测量（相当于月球的地表测量）、流星体探测和辐射测量。设备传回的信息对阿波罗计划来说至关重要，引起了科学家们的广泛兴趣。1966年8月10日至1967年8月1日，NASA发射了五颗月球轨道器，均成功地完成了各自的目标。在第三次任务结束时，阿波罗计划的项目策划人员宣布，他们已经拥有了充足的数据来继续推进宇航员着陆工作，可以利用最后两次飞行任务来开展其他研究项目。

月球轨道器传回的丰富图像均来自一个独特的机载摄影系统。

月球轨道器没有将电视图像以电信号的形式发送回地球，而是拍摄真正的照片，并在轨道器上进行冲洗，然后通过一个特殊的光电系统对它们进行扫描。由于这种自给自足的"暗室"能力，科学家们把月球轨道器称为"飞行暗房"。考虑到太空辐射可能会影响胶片，该系统使用了一种低速胶片。为了防止照片模糊，飞行器通过不断调整其光学器件，并在某些情况下稍作移动来进行曝光补偿。采用这种方式得到的图像质量非常高，在30海里（约55.56千米）的高度上，提供了3英尺（约0.91米）高的分辨率。例如，月球轨道器拍摄到的哥白尼环形山（Copernicus Crater）的标志性图像就像是低空飞掠视角拍摄到的一样。在航天器的储备胶片用尽后，飞行控制人员故意将所有五颗月球轨道器都撞向了月球，这样它们的无线电发射器就不会干扰后续航天器。

与此同时，苏联也向月球发射了许多航天器。其月球计划，在1959年到1976年间向月球成功发射了共15枚航天探测器，其中许多在太空竞赛中都拔得头筹。虽然苏联也遭遇了许多失败（当时并没有公开承认），但这一计划的重要性还是值得肯定的。

· 月球2号（Luna 2）首次成功撞击月球表面，是第一个完成此举的人造物体（1959年）。

· 月球3号（Luna 3）发回了月球背面的第一组照片（1959年）。

· 月球9号（Luna 9）是第一个实现在另一个星体（月球）上软着陆的探测器（1966年）。

· 月球10号（Luna 10）成为月球的第一颗人造卫星

（1966年）。

·月球17号（*Luna 17*，1970年）及月球21号（*Luna 21*，1973年）部署了在月面漫步的移动式车辆。

·月球16号（*Luna 16*，1970年）、月球20号（*Luna 20*，1972年）以及月球24号（*Luna 24*，1976年）将样本从月球表面带回了苏联。

月球软着陆无人探测器

就像许多其他交会点一样，二十世纪六十年代，利用无人探测器在月球上软着陆也成了美苏之间的一个竞技场。1966年2月3日，苏联人将月球9号送入月球的风暴洋（Oceanus Procellarum）地区，成为第一枚在另一颗行星上进行软着陆的航天器，从而赢得了这场比赛的胜利。月球9号只配备了一台摄像机和通信设备，它提供了第一幅令人印象深刻的月面全景图。

月球9号到达月球表面，降落在雷纳（Reiner）和马吕斯（Marius）环形山以西。月球9号被设计成刚好在撞击月面前释放着陆分离舱，它靠一根从制动发动机向外伸出的铰链臂来探明月球表面。接着，重达250磅（约113.4千克）的蛋形加压吊舱分离并滚过月球表面。四分钟后，四个由弹簧加载的"花瓣"展开，30英寸（约76厘米）的无线电天线伸展开来。这种设计确保吊舱是在"头朝上"的状态下运行的。图像显示，月面上分布着4~8英寸（约10~20厘米）不等的岩石。虽然月球9号上的电视摄像机能够旋转360度，然而由于探测器落在了一个斜坡上，所以未能传送回月面的完整图像。从月面传回的第二次和第三次信号之间，月球9号的倾斜角度从16.5度变成了27.5度，这可能是因为热胀冷缩导致着陆器下面的岩石发生了移动。

在苏联月球9号探测器取得成功几个月后，1966年6月2日，美国成功地实现了勘测者1号（Surveyor 1）探测器在月球表面的软着陆。勘测者1号携带有两个摄像机，提供了周围地形和附近月面物质的多幅图像。勘测者1号被置于一条直达月球表面的飞行轨道上。在最后降落阶段，由固体燃料制动火箭进行减速，然后这部分就被抛掉了，勘测者1号的质量减轻了大约60%。三台小发动机使着陆器的速度降至每小时3英里左右（约4.8千米）。这时，发动机熄火，勘测者1号利用惯性滑行，缓缓着陆。

弗兰斯提德环形山（Flamsteed Crater）位于风暴洋西南，勘测者1号在该环形山北面的一个60英里（约96.6千米）大小的环形山中着陆，并对一块平坦区域内的土壤进行了拍照和研究。电视摄像系统在6月14日夜幕降临前传回了10 338张照片。航天器还获得了月球表面雷达反射率和承载强度的数据，以及用于分析月球表面温度的航天器温度数据。勘测者1号任务因电池电压急剧下降而被迫结束。

苏联也继续致力于无人月球探测。1966年12月24日，苏联把第二个软着陆探测器月球13号（Luna 13）降落到了风暴洋地区。它与月球9号采用了相同的花瓣状外壳，外壳打开，天线竖起，着陆4分钟后无线电信号开始传回地球。与先前的探测器不同，月球13号携带了新仪器，安装在5英尺（约1.5米）长折叠式机械臂的末端。第一个实验检测了月壤密度。在少量炸药的作用下，机械臂的一端被猛地甩入土壤中，然后测量了反射回地表的地震波。其他机械臂带有

的辐射密度计可以将月壤暴露在 γ 射线下，并测量反射的能量。12月
25日和26日，探测器电视系统在不同的太阳角度下拍摄了附近的月
面景观全景图并传回，每幅全景图的传送时长大约需要100分钟。

　　1966年9月22日勘测者2号（*Surveyor 2*）失败后，NASA的勘
测者3号（*Surveyor 3*）探测器于1967年4月20日成功软着陆于月球
表面，并收集了图像和月壤分析数据。着陆器在停稳前，在月面

1969年，阿波罗12号指令长查尔斯·康拉德（Charles Conrad, Jr.）正在
进行第二次舱外活动，检查勘测者3号探测器，远处右侧是无畏号登月
舱。这张照片是由美国宇航员艾伦·比恩（Alan L. Bean）拍摄的，他任
登月舱驾驶员。阿波罗12号降落在月球的风暴洋，距离勘测者3号仅600英
尺（约182.9米）。勘测者3号探测器于1967年4月20日在月球上软着陆，
电视摄像机和其他几个部件已被带回地球进行科学分析

"弹跳"了不止一次，可以从最终着陆点看到最初撞击的痕迹。除了一台与勘测者1号上类似的摄像机外，它的着陆器还携带了一把机械铲，在月壤中挖了几条小沟。在接下来的三周内，摄像机传回了6300多张照片，显示了周围的岩石和铲子的移动情况。着陆两年后，阿波罗12号（Apollo 12）的宇航员造访了勘测者3号，将电视摄像机和其他部件拆下来带回了地球。这台摄像机后来在史密森学会国家航空航天博物馆（Smithsonian Institution's National Air and Space Museum）展出。

尽管NASA在1967年7月17日与勘测者4号（Surveyor 4）失去了联系，但在接下来的几个月里，NASA又接着发射了三枚勘测者探测器。勘测者5号（Surveyor 5）在飞往月球的轨道上，遭遇了氦气增压系统严重故障，而该系统是制动火箭①工作所必需的。飞行工程师们想办法解决了这个问题，1967年9月10日，勘测者5号成功着陆。电视摄像机发回了成千上万张照片。勘测者5号还携带了一台 α 射线散射装置，对月壤成分进行了测量分析。勘测者6号（Surveyor 6）于1967年11月9日着陆，它携带的仪器与勘测者5号类似。11月17日，操控人员注意到还有剩余燃料，可以供制动火箭进行一次短时间点火，勘测者6号就成为从月球表面起飞的第一枚航天器。制动火箭点火时，它弹起了约10英尺（约3米）的高度，并落在离先前位置大约8英尺（约2.4米）的地方。在月壤上留下的这两组痕迹，都可以从电视摄像机的图像中清晰地看到。勘测者7号（Surveyor 7）于1968年1月10日在第谷（Tycho）环形山以北着陆，携带有一只机械臂和一

① 制动火箭是运载火箭和航天器上的一种小型辅助火箭发动机，用来产生与飞行方向相反的推力。——译者注

台 α 射线散射仪。当检测到射线仪被卡住时，就需要机械臂来移动它。在三周时间里，α 射线散射传感器被降到月面，随着位置的移动检测月球表面及沟壑中土壤的成分。

尽管勘测者3号上的微调发动机没有在适当的时机熄火，导致这个650磅（约295千克）重的遥控装置两次跳着划过月球表面，最后停在一个小环形山的边缘下面，但七枚勘测者探测器中仍有五枚完成了任务。

充分利用无人月球探测

一直到二十世纪七十年代，尽管美国的无人月球探测以"勘测者"画上了句号，但苏联仍继续致力于月球探索。在二十世纪六十年代的太空竞赛中，美国和苏联在以月球、金星和火星为目标的载人和无人航天的广阔战线上争夺太空第一。美国通过率先将人类送上月球，赢得了这项最重要的奖项，充分地展示了自身的实力，以至于苏联退出了这场竞赛，并谎称自己根本就没有和美国比。而苏联则是成功地将第一批无人驾驶月球车——月球车1号（*Lunokhod 1*）和月球车2号（*Lunokhod 2*）送到了月球上。

1970年11月17日，第一辆月球车——月球车1号由月球17号探测器以软着陆的方式送到了月球表面。这辆月球车重量不到1吨，预计在莫斯科郊外的苏联飞行任务控制中心操控下运行90天。它于11月10日发射升空，飞行控制人员进行了两次轨道修正，于11月15日将其送入月球轨道。着陆后，这辆有八个轮子的月球车从着陆器两侧伸出的坡道离开了月球17号。这是降落在另一个星球的第一辆移动式远程控制自动装置。在着陆后的11个月里，月球车1号在月球雨海（Mare Imbrium）到处勘察，运行时长远远超过了其预期寿命。它仅在月球上的白昼期间运行，每次的运行时间长达两周，偶尔停下来通过自身的太阳能板充电。月球车项目于1971年10月4日，也就是斯普特尼克1号发射14周年之际，正式停止。

这款月球车最初被当作苏联宇航员着陆前的"侦察兵"，1963年就开始研制，原计划携带一个用于引导宇航员到达月球表面的信标。然而，等到发射的时候，这项任务被其他事情抢了先机。于是月球车1号对月球表面进行了探查，发回了有关月球地质地貌的科学数据，为月球表面成像，进行了月球激光测距①实验，并测量了磁场。它带有一个锥形天线、一个高度定向的螺旋天线、四台电视摄像机和一个可延展的机械臂，用来测量月壤的密度。苏联科学家还给它装了X射线光谱仪、X射线望远镜、宇宙射线探测器和激光测距装置。

月球车1号设计独特，看起来像一个带有八个轮子的浴缸。凸起的大盖子内侧是太阳能电池阵列，"浴缸"本身用来容纳仪器。地球上，一个五人控制小组利用一台大型全景摄像机的图像，实时向月球车发送命令，控制它的移动。到使命结束时，月球车1号已经传输了20 000多个电视画面和200多幅高清全景图，它还进行了500多次月壤测试。月球车1号在月面上的准确位置并不确定，因为自从任务结束，激光测距实验就一直无法再探测到返回信号。月球车1号在月面上行进了10多千米，相比之下，美国宇航员在6次载人登月任

---

① 利用激光反射精确测量地球与月球距离的科学技术。——译者注

务中行进的距离在10.1米（阿波罗11号）和35.4千米（阿波罗17号）之间。

1973年1月8日月球21号发射升空，其搭载的月球车2号实际上与其前身相差无几。在发射后第二天进行途中修正后，月球21号于1月12日进入了环月轨道。其轨道参数，最大高度为62英里（约99.8千米），最小高度为56英里（约90.1千米），与月球赤道夹角为60度。月球21号在月球上的澄海（Mare Serenitatis）和金牛山（Taurus Mountains）之间软着陆，并于1月15日，距离着陆时间不到三小时，卸载了月球车2号。与月球车1号一样，月球车2号的重量略小于1吨，它是前一代的改进版，配备了第三代电视摄像机、改进的八轮牵引系统和更多的科学仪器。该月球车的主要目标与月球车1号一样，包括月球表面成像、激光测距实验、太阳X射线分析、磁场测量和月球表面物质特性检测。

到达月球的第一天结束时，月球车2号就比月球车1号在整个运行寿命期间走的距离还要远了。月球车2号运行了4个月，跨越了23英里（约37千米）的地带，包括丘陵、高地和山谷，发回了86幅全景照片和8万多个电视画面。它还完成了几次月面测试、激光测距和其他实验。1973年5月9日，月球车滚落进了一个环形山，灰尘覆盖在它的太阳能电池板上，车辆便失去了动力，任务控制人员也未能挽救这辆月球车。6月3日，苏联塔斯社宣布，月球车2号任务已经结束。到目前为止，它仍然是激光测距实验的一个"靶标"。

苏联科学家在月球车2号任务结束后透漏消息说，他们得到了从事阿波罗计划的美国科学家们的非正式帮助：在1973年1月29日至2月2日的莫斯科星际探索会议上，为他们提供了月球21号着陆点附近月球表面的图像。这些照片是作为1972年12月阿波罗17号（*Apollo 17*）登月任务策划的一项工作内容而拍摄的，该登月任务也发生在同一区域。虽然这件事发生在月球车着陆之后，但事实证明，这些照片对控制人员确定月球车在月面任务中的行车路线还是很有帮助的。第三次任务的月球车3号（*Lunokhod 3*），原计划于1977年进行，但由于缺少运载火箭和资金就一直没有飞。它现在是莫斯科附近的拉沃契金设计局的一件珍藏。

此外，苏联还成功地完成了三次月球取样返回任务。经过几次失败的尝试之后，第一次任务，月球16号于1970年9月从丰富海（Mare Fecunditatis）取回了一小份试样（101克），这个时间在阿波罗12号和阿波罗14号（*Apollo 14*）登陆之间。第二次任务，月球20号于1972年2月18日进入月球轨道。2月21日，月球20号在靠近丰富海的一个称为阿波罗尼厄斯高地（Apollonius Highlands）的多山地带软着陆。停留在月面上时，它的全景电视系统发回了图像，还通过可伸缩的钻探设备收集了月球样本。2月22日，月球20号的上升段从月面发射升空，用一个密封容器携带了30克收集到的月球样本，并于2月25日在苏联境内降落。月球样本第二天被回收。第三次成功的样本返回任务，月球24号于1976年8月18日降落在名为危海（Mare Crisium）的地方。它就像前代一样，采用取样臂和钻头收集了170.1克的月球样本，并放入了一个收集器内。8月22日，太空舱返回地球，降落在了西西伯利亚。苏联这三次的探测成功，抚平了在这场最激烈的冷战竞赛中，由美国的阿波罗计划所留下的创伤。

解读

　　第一次登月竞赛可以被视为二十世纪六十年代人类登月计划的带妆彩排。就像在载人项目中，苏联在无人竞赛阶段起了早期的带头作用。同样，在载人登月竞赛层面上，苏联早期的成功并不等同于最终的胜利。事实上，我们可以认为无人竞赛本质上是一场平局。美国人在徘徊者计划、月球轨道器和勘测者项目上的成功，非常真实，可以真切地感受到。直到二十世纪七十年代月球探测器、月球车项目及月球取样返回的成功，苏联才在这个领域挽回了一定的颜面。当然，苏联否认他们参与过任何竞赛。他们把注意力集中到了地球轨道活动上，成功地发射了一系列空间站。

　　然而，随着早期无人驾驶探测竞赛的推进，美国人和苏联人都为载人登月做了准备。科罗廖夫设立了一项在轨绕地飞行的载人计划，以便为月球和行星飞行任务做准备。美国人也照做了。结果就是，这两个国家开展的涉及载人航天器的活动此起彼伏。美国人率先宣布了月球任务，苏联人虽然没有公开宣布他们的意图，但很快就作出了回应。于是比赛继续……

第 3 章
星际旅行者

美国宇航员和苏联宇航员作为太空探索者的经历，占据了二十世纪六十年代登月竞赛的方方面面、点点滴滴。没人能够预测到公众对宇航员的迷恋，从1959年"水星七杰"的首次露面，历经阿波罗计划，一直延续至今。作为名人的宇航员以及所带来的名人效应，在美国文化中的影响是完全出乎意料的。苏联宇航员较少公开露面，但仍然顺理成章地成了名人。在这两个国家，载人飞船成员每每露面，都是在迫切需要太空计划之时，目的是激发公众对其实现国家太空目标能力的信心。

火箭可能会爆炸，但宇航员却光芒四射，他们似乎体现了那个时代美国人崇尚的个人品质——勇敢、诚实、热爱上帝和国家，以及对家庭的奉献精神，类似的象征意义在苏联也很盛行。在苏联，宇航员计划一直秘而不宣，直到1961年4月尤里·加加林（Yuri Gagarin）飞行成功后才对外公布。在冷战结束前，宇航员的选拔以及由谁飞、何时飞、按照什么顺序飞的决定一直被列为国家机密。美国方面与苏联大相径庭的项目进程也发展得意想不到地相似。

初识"水星七杰"

1958年10月，就在NASA成立后没几天，罗伯特·吉尔鲁思得到局长格伦南的批准，着手进行随后被称为"水星计划"的美国首个载人航天项目。在决定推进水星计划的同时，NASA便开始为其选拔、训练宇航员团队。总统德怀特·艾森豪威尔指示，宇航员要从武装部队的试飞员中挑选。虽然这并不是NASA领导人的第一意向，但这一决定大大简化了甄选程序。太空飞行存在的风险，以及该计划对国家安全的潜在影响，都指向了最适合的人选——军事人员。这项决定还缩小并完善了候选人名单，为NASA提供了一个合理的起点。此外，NASA设想这个宇航员团队首要是作为飞行员（操作试验性飞行器）而存在的，其次才是作为科学家，这是非常明智的。当然，第一批宇航员正是作为飞行员而成为美国的英雄。

NASA执行了严格的程序，选定了最终的宇航员——"水星七杰"。候选宇航员们经历了背景审查、生物医学测试、心理状况测试和大量面试，有时候还会和他们的心理学家玩心理游戏。1959年，在寻访水星计划第一批宇航员时，查尔斯·康拉德就曾申请过，但当时并没能如愿以偿，他一直认为自己落选是因为在筛选候选人的心理学家面前表现得过于轻率。康拉德很喜欢讲这个故事，而且似乎每讲一次，故事都会变得更加精彩：一位心理学家给他看一张空白的白色卡片，让他描述看到的东西，他却回答说卡片上下颠倒了。就像他常常挂在嘴边的那样："如果做不好，那就做得多姿多彩吧。"康拉德的幽默感在NASA是个传奇，他的机智、诙谐和个人魅力使他成为最受人喜爱的宇航员。后来，他成功了，于1962

"水星七杰"穿着标志性的银色宇航服,照片拍摄于1959年。后排从左到右依次是:艾伦·谢泼德、弗吉尔·格里索姆和戈登·库珀。前排从左到右依次是:沃尔特·斯基拉、唐纳德·斯莱顿、约翰·格伦和斯科特·卡彭特年9月加入了NASA的宇航员团队，作为双子星座计划的第二批飞行员被招募进来。

尽管如此严格，1959年3月下旬，在医学检查还没有确切结果的情况下，罗伯特·吉尔鲁思的太空任务小组就开始了第五阶段的甄选，将候选人名单缩小到18人，再由查尔斯·唐兰（Charles J. Donlan）和他的团队成员来判断。此后，选拔的最终标准又回到考查候选人的技术资格和项目的技术需求上来。唐兰说："我们要找的是真正的男人和宝贵的经验。"他敦促吉尔鲁思要选择具有典型美式男子气概的，吉尔鲁思最终选定了七人。在美国公众眼中，这七人几乎立刻就成了英雄，部分原因是《生活》（Life）杂志与他们达成了协议，可以独家报道他们的故事。对于大多数对NASA几乎一无所知的美国人来说，"水星七杰"就变成了NASA的化身。

尽管NASA领导层也希望如此，但宇航员们的名气还是很快就与他们的活动不相称了。这也许是无法避免的，宇航员们注定要因公众对他们的巨大好奇心、在太空飞行中将承担的风险，以及异乎寻常的训练活动，而过早地受到追捧。但是，在太空竞赛中，对政治声望的渴求和媒体在宣传报道上的竞争，也刺激了公众对这种新型名人贪婪的胃口。沃尔特·邦尼（Walter T. Bonney）长期担任美国国家航空咨询委员会的公共信息官员职位，并在1959年担任NASA公共关系事务的首席顾问，他预见到了公众和媒体的关注，要求增加相应的工作人员，并制定了公共关系事务运作的指导方针，最大限度地发挥了宇航员的名人效应。

1959年，华盛顿特区潮汐盆地的樱花刚刚盛开一周，整座城市沐浴在绚丽的春色之中时，邦尼的远见卓识得到了证明。NASA

选择在当年4月9日公布第一批是哪些美国人将进行太空飞行,这件事使宇航员们成为公众人物。在此之前,他们是一群留着平头、军人思维、疯疯癫癫、寻求刺激、嗜酒如命、追逐女人、痴迷飞行又胆大妄为的冒失鬼。现在,他们突然成了国家英雄。将要得知那些太空旅行者可能是谁的兴奋之情充盈着华盛顿。无疑,他们是现代版的"圆桌骑士",是这个国家所能提供的最优秀的人,他们的荣耀和美德是无可指摘的。当然,他们肩负着国家的所有希望、梦想和最美好的祝愿,因为他们正在与苏联一较高下。水星计划的根本目的是确定人类能否在发射升空的恶劣条件下和在轨的严酷太空环境中存活下来。从这个角度来看,宇航员并不能与早期探险家相提并论,因为探险活动由探险家自己掌控。与克里斯托弗·哥伦布(Christopher Columbus)、海军上将理查德·伯德(Richard Byrd)和埃德蒙·希拉里(Edmund Hillary)爵士相比,宇航员们则相形见绌。

与此同时,在冷战期间,美国宇航员和苏联宇航员基本上都是在进行单兵对抗。每个团队都代表着各自的国家、政治制度和经济方针,来对抗所认定的竞争对手。美国和苏联不能互相发射弹道导弹,至少在打算让人类从地球上消失之前,还不能这么做,但他们可以派遣各自的太空探险家对付对方,并将他们用作全面战争的替代品。

NASA的临时总部热闹非凡,工作人员匆匆忙忙地把二楼最大的房间,曾经的宴会厅,布置成了一个新闻发布会现场,但显然还是不太够用。印刷媒体和电子媒体挤了进来,准备一睹第一批宇航员们的风采。房间一侧,带有幕布的舞台引人注目,NASA官员和新挑选的宇航员们都在后台等着下午两点的新闻发布会。房间的另一侧，一些绊脚的电线散布在地板上，成排炙热的灯泡把舞台照亮，多台摄像机准备直播这场活动，还有几台摄影机将记录下这一时刻，以备日后使用。新闻摄影师聚集在舞台下，形形色色的记者坐满了座位。不断进入宴会厅的媒体很快就没有座位了，NASA的工作人员便搬来更多的椅子，试图让记者们在这拥挤的环境中尽可能舒适些。

NASA局长格伦南在这场类似马戏表演的新闻发布会上充当"指挥"，来介绍这些宇航员。他并不适合这个角色，而且也不理解这种激情，但还是会扮演好自己的角色。格伦南看着这七名经过漫长的遴选程序最终选定的年轻人就座，他们还都不到40岁，但每一位都拥有超越一生的精彩的回忆。他意识到，对他们几个人来说，这是一生中最重要的事件，但它到底意味着什么，是荣耀和辉煌，还是死亡和悔恨？在4月那个晴朗的下午，这两种情形在格伦南看来都有可能出现，因为尽管到目前为止已经做出了种种努力，但以NASA当前的能力，送人进入太空飞行似乎还有些遥远，而且充满了荒唐。

"水星七杰"中的多名宇航员都把自己对这场非凡事件的回忆记录了下来，他们都表达了与格伦南同样的犹豫和担心。他们还表示当时有些烦躁，那些聚集在新闻发布会上的观众人数众多又不守规矩。

艾伦·谢泼德（Alan Shepard）和唐纳德·斯莱顿（Donald "Deke" Slayton）在幕布后面的桌子前坐下来时简单聊了两句，思忖着即将发生的一幕。

"谢泼德，"斯莱顿把身子斜靠向他，"我紧张得要命。

你参加过这样的活动吗？"

谢泼德咧嘴笑了笑。"没，"他扬起眉毛，"嗯，也不完全是。总之，我希望尽快结束。"

"嗯，我也是。"斯莱顿随即回应。

七个人都看着他们面前的大型阿特拉斯–水星（*Atlas-Mercury*）火箭模型和水星号飞船模型。

当帷幕升起时，NASA的公共关系事务官员，杰出的沃尔特·邦尼宣布道：

女士们，先生们，请注意。这次发布会的程序很简单：大约60秒后，我们将宣布你们期待已久的新闻——水星计划宇航员团队七位志愿者的名字。我们会尽快分发资料袋，之后，你们中那些要在午后截稿的人，最好冲出去抢电话。我们将休息大约10~12分钟，这段时间大家可以拍照。

就像大坝垮了一样，一大群摄影师涌上前来，将闪光灯对准"水星七杰"的脸。随着照片拍摄过程的继续，宴会厅里议论纷纷的声音升级成了嘈杂的喧闹声。一些记者带着新闻资料袋冲向门口，去发送为晚报撰写的报道，其他的则痴迷地盯着宇航员们。

15分钟后，邦尼恢复了厅内的秩序，并请格伦南出来正式介绍各位宇航员。格伦南致简短的欢迎词，并补充道："这对我来说是无上的光荣。我很荣幸向各位介绍水星计划的宇航员们——斯科特·卡彭特（Scott Carpenter）、戈登·库珀（L.

Gordon Cooper）、约翰·格伦（John Glenn）、弗吉尔·格里索姆（Virgil "Gus" Grissom）、沃尔特·斯基拉（Walter Schirra）、艾伦·谢泼德和唐纳德·斯莱顿！"这些风度翩翩的飞行员面对观众时穿着便装，许多人忘记了他们都是志愿测试对象和军官。相反，他们就是一群成熟的美国中产阶级，体格和相貌并不出众，但都是邻家好男人，接受过大学教育的工程师，身体非常健康，专业致力于驾驶先进的飞机。

现场的反应极其热烈，掌声淹没了其他NASA官员的讲话，记者们起立鼓掌，甚至连蜷缩在舞台下的摄影师们也站起身来为"水星七杰"欢呼。一波兴奋的浪潮回荡在新闻发布会现场，这是NASA成员从未见过的。大家为什么这么兴奋？宇航员们也在问自己同样的问题。斯莱顿轻轻地碰了碰谢泼德，在他耳边小声嘀咕："他们在为我们鼓掌，好像我们已经做了什么，就像我们是英雄什么的。"大家都明白，水星计划、宇航员自己和美国的太空探索计划注定是美国历史上一件非比寻常的事情。

新闻发布会的其余时间和开场白一样活跃。起初，新挑选的宇航员们以刻板的军人方式回答记者团的问题，但在热情洋溢、感情丰富的约翰·格伦的带领下，他们很快就对采访变得更加热情了。然而，真正令宇航员们惊讶的是最常被问到的那些问题。他们都是军方试飞员，许多人都有战斗经验和英勇勋章，还有一些人保持着飞行速度纪录和续航里程纪录，但记者们似乎并不关心他们的飞行经验。记者们似乎也不关心NASA水星计划的细节，他们想知道的是宇航员的个人生活。媒体想知道宇航员是否相信上帝、是否信仰宗教、是否已婚，想知道他们孩子的名字、年龄和性别，想知道他们的家人对太空探索的看法以及他们在太空探索中的角色，想知道他们对国家的热爱。上帝、国家、家庭和自我，以及他们各自天生的优点，这才是记者们所感兴趣的全部内容。

这场新闻发布会非常奇特，记者对宇航员们的性格特点刨根问底，但他们的动机并不像长期以来媒体所执着的那样——挖掘受访对象的污点，轻而易举就可以成为焦点。恰恰相反的是，记者们想要证实这七个人体现了美国最深邃的美德。他们想向读者证明，"水星七杰"作为现如今的"救世主"阔步前行，在世界舞台上，他们纯洁而高尚的行为将净化这片土地，战胜苏联。宇航员们没有令人失望。

约翰·格伦可能是凭着直觉，也可能是出于纯粹的热情和纯真，把握住了观众的情绪，进行了一场令人印象深刻的关于上帝、国家和家庭的说教，这一幕让记者们都蜂拥到电话那里，去修改报道。他描述了1903年威尔伯·莱特（Wilbur Wright）和奥维尔·莱特（Orville Wright）在基蒂霍克（Kitty Hawk）抛硬币，想看看谁会驾驶第一架飞机，并评论说美国人仅仅在五十年多一点儿的时间里就走了这么远。他说："我认为，如果我们不充分利用自己的才能，现在就主动去做那件对我们的国家和整个世界同样重要的事情，那就是我们最严重的失职。当然，这对国家来说意义也非常重大。"其他宇航员跟在格伦后面，生动地讲述了作为第一批进入太空飞行的美国人，他们对责任、对命运的理解。会议快结束时，一名记者问他们是否相信自己能从太空平安归来，他们七位都举起手给出肯定的回答，格伦甚至把两只手都举了起来。

宇航员们作为崇高的卫士现身，他们将把国家的命运带到国境之外，带入太空。《纽约时报》的詹姆斯·赖斯顿（James Reston）为宇航员团队欣喜若狂。他说，记者招待会深深地打动了他，即使只阅读记者招待会的文稿，也能使人心跳加快，步伐更有活力。"他们为什么让人如此兴奋，"他写道，"不是因为他们说了什么新鲜事，而是因为他们提到那些老概念时，表现出如此强烈而坚定的信念……他们谈了'责任''信仰'和'国家'，就像沃尔特·惠特曼（Walt Whitman）笔下的拓荒者们……虽然这是一个相当愤世嫉俗的小镇，但没有人从这些年轻人身边走开，嘲笑他们的勇气和理想主义。"

这些价值观的表述似乎完全契合这个观念格外一致的群体。他们都对反映美国文化最高理想的传统生活方式津津乐道。宇航员们对于家庭成员在他们生活中所扮演的角色，以及宇航员职业生涯对配偶和孩子的影响，也表达了类似的感受。许多评论员发表了评论，提到宇航员的家庭与工作交织在一起的这种情况，在军人家庭及从事有生命危险职业的人身上也能看到。这些职业往往对所有与其有关的人都会造成伤害。在所有个例中，宇航员的妻子、子女和他的大家庭，都承受着将国家带入太空这种重负。许多妻子说：这不再是"他"的职业，而是"我们"的职业。

对许多美国人来说，宇航员妻子的公众形象和她们著名丈夫的形象一样重要。作为一个群体，这些女性总是自豪、兴奋和快乐的，这也是她们的口号。然而，她们的真实生活往往不那么幸福。她们在众目睽睽之下，把时间花在悉心照料家人和另一半上，同时还要支持NASA为登月所做的努力。从本质上说，太空计划想要将宇航员的妻子们树立为具有精神上和社交上健康形象的榜样，在顺境和困境中都能为宇航员们提供支持，并按NASA的理念行事。宇航员的妻子们也确实是这样做的。

一有机会，媒体就对宇航员及其家人进行仔细审视，这也反映出了美国公众的兴趣所在。公众强烈地想要了解宇航员个人生活的细节，永远无法满足，这促使NASA设立界限，既保护宇航员，又强化了宇航员及其家人作为美国社会典范的形象。显而易见，NASA想要描绘一种婚姻幸福的宇航员形象，没有婚外丑闻，也没有离婚迹象。公众形象对NASA内部的某些人来说很重要，因为"婚姻不幸福会导致飞行员作出错误的决定，可能使自己和他人丢掉性命"，"水星七杰"中的戈登·库珀回忆说。这可能是部分原因，但NASA的领导肯定希望宇航员保持他们干净、利落、典型美式男孩的形象。

宇航员们使这种努力变得具象化，创造出了正直、严肃、能干的专业人士的神话。从某种角度上讲，这是自然而然的，但事实上，"水星七杰"就是我们中的每个人。他们中没有谁是举止上的贵族或见解上的精英，他们来自全国各地，在公立学校取得优异成绩，在当地的州立大学接受培训，在战争与和平时期为国效力，结了婚并为了自己和家人设法谋生，最终凭借着自身优点荣登现在的位置。他们是我们所能提供的最好的范例，而且最重要的是，他们不失时机地彰显着国家的美德。

相较之下的苏联宇航员

苏联宇航员虽没有那么知名，至少在他们开始飞行之前是这样的，但同样吸引人。1959年9月，总设计师谢尔盖·科罗廖夫在苏联空军科学研究所（Scientific Research Institute of the Soviet Air Force）下成立了宇航员选拔委员会。美国宇航员刚刚在全世界媒体的关注下开始训练，那时苏联还没有像NASA那样的核心组织机构，但仍能借鉴并改良NASA的选拔和训练方法，用于自己的项目。苏联方面的训练强调身体素质，首批被选中的人都是20多岁将近30岁，每位都是战斗机飞行员，但不一定是试飞员。科罗廖夫与他的第一批宇航员建立了亲密的关系。

科罗廖夫开始从大约3000名拥有高性能飞机飞行经验的军事飞行员中进行选拔。接下来，这组人员接受了医疗记录和其他记录审查，一系列的医学检查，以及一套生理和心理压力测试。这组人员被砍到只剩15名，统称为空军第一小组。该小组随后于1960年3月被派往位于莫斯科郊外，新成立的宇航员训练中心（TsPK）[①]。在15名受训人员中，有11人最终至少进行了一次太空飞行。

这11个人中，著名宇航员尤里·加加林、安德里安·尼古拉耶夫（Andrian Nikolayev）、帕维尔·波波维奇（Pavel Popovich）、盖尔曼·蒂托夫，再加上没有参与执飞的阿纳托利·卡尔塔绍夫（Anatoli Kartashov），连同1963年因为酒后行为不当而被开除的宇航员格里戈里·涅柳博夫（Grigori Nelyubov），因为一张拍摄于索契的著名照片，而被称为"索契六人组"。在被开除后，涅柳博夫被从照片中抹掉了，这件事苏联方面很多年都没有承认。不管怎么说，这个小组作为受训宇航员中的精英，很快就承担起了比其他候选人更为重大的责任。所有被选中的宇航员都明白，他们是在为成

---

① 该训练中心后来发展成"星城"基地，至今仍用于训练俄罗斯宇航员。

为太空飞行第一人的荣誉而拼争。到了1961年初，科罗廖夫和其他宇航员实际上已将加加林视为了"领跑者"，但科罗廖夫却对他的首选名单秘而不宣，为的是让其他人继续努力。即便是在内部，几乎到首次发射之前，科罗廖夫也一直拒绝宣布谁将承担起重任，成

照片拍摄于1961年5月，索契滨海港口。1960年最初的那组宇航员大多数都在这张照片中。前排从左至右依次是：帕维尔·波波维奇、维克托·戈尔巴特科（Viktor Gorbatko）、叶夫根尼·赫鲁诺夫（Yevgeny Khrunov）、尤里·加加林、总设计师谢尔盖·科罗廖夫、波波维奇的女儿娜塔莎（Natasha）、科罗廖夫的妻子尼娜·科罗廖娃（Nina Koroleva）、宇航员训练中心主任叶夫根尼·卡尔波夫（Yevgeny Karpov）、伞降训练员尼古拉·尼基京（Nikolay Nikitin）和队医叶夫根尼·费奥多罗夫（Yevgeny Fedorov）；第二排从左至右是：阿列克谢·列昂诺夫、安德里安·尼古拉耶夫、马尔斯·拉菲科夫（Mars Rafikov）、德米特里·扎亚金（Dmitri Zayakin）、鲍里斯·沃雷诺夫（Boris Volynov）、盖尔曼·蒂托夫、格里戈里·涅柳博夫、瓦列里·贝科夫斯基和格奥尔基·绍宁（Georgy Shonin）；最后排从左至右是：瓦连京·菲拉季耶夫（Valentin Filatyev）、伊万·阿尼克耶夫（Ivan Anikeyev）和帕维尔·别利亚耶夫（Pavel Belyayev）

为第一名乘坐苏联东方1号（*Vostok 1*）的宇航员。

东方1号的返回舱是一枚直径只有7.5英尺（约2.3米）、重量不到3吨的小型航天器，弹道再入加速度是地球重力加速度的8倍。尽管受过训练，但蒂托夫报告说他经历了定向障碍、极度疲劳、头晕、恶心，甚至觉得很难区分地球和太空。这迫使人们重新考虑宇航员的甄选和训练程序。

1962年，科罗廖夫挑选了另一组宇航员候选人，对他们的体能进行了更严格的评估，其中包括了第一批女宇航员。转年，第一批科学家宇航员也被补充到这个团队中，并在1964年、1965年和1966年作了进一步的增补。

莫斯科郊外的宇航员训练中心逐渐发展成"星城"（Star City），科罗廖夫把宇航员和许多载人航天设备安置在了那儿。星城高度机密，甚至没有出现在地图上，从创建到现在，它一直是苏联以及俄罗斯载人航天计划的核心。二十世纪六十年代，星城中宇航员们的目标在很大程度上反映了太空竞赛的优先次序。曾与尤里·加加林一起训练的早期宇航员之一的格奥尔基·格列奇科（Georgy Grechko）表示："我们一心只想什么事要赶在美国人前面，除此之外什么都不想，这是一名优秀共产党员必备的觉悟。"

和他们的美国同行一样，苏联宇航员在境内境外都是公共关系的象征。1961年4月14日，尤里·加加林成为太空第一人两天后，苏联在莫斯科红场举行了一场盛大的仪式，向他们的第一位宇航员致敬。加加林于1959年被选中接受宇航员训练，并进行了一系列愈加严苛的身心训练，为飞行任务做准备。加加林从其他几个竞争者中脱颖而出，最终被挑选出来进行了第一次太空飞行。他代表了苏联工人的理想典范，完全依靠自己的才能不断晋升，他英俊的外表、体贴的知性和阳光少年般的魅力，使他成为世界舞台上一位具有吸引力的人物。重要的是，这些特质在苏联总理尼基塔·赫鲁晓夫和其他苏联高级领导人那里也发挥了作用。东方1号飞行的成功使得喜欢交际的加加林成了全球英雄，他是苏联在世界舞台上的一位有力代言人。

赫鲁晓夫认识到加加林个性迷人，便把他派去进行友好访问。加加林的太空飞行激励着苏联领导人在接下来的几年里为太空探索投入了更多的资金，其中部分原因就是这个国家凭借其引人注目的飞行任务获得了国际声望。接下来，苏联又率先将一位女性，瓦莲京娜·捷列什科娃（Valentina Tereshkova）送入轨道，率先发射两人和三人乘组，率先执行舱外活动（EVA），即太空行走。1968年3月27日，加加林在为苏联空军执行训练任务时，死于飞机坠毁，这是苏联太空计划的一大损失。

训练第一批太空探险家

苏联宇航员和美国宇航员都为他们的太空探索任务接受了密集的训练，包括使用许多奇特的设备、复杂的程序和体能耐力测试。两国的宇航员都要在进行任务前、任务过程中和任务完成后接受医学检查，这些任务包括体能训练、操作程序训练、飞行员熟练度训练和大量的实验。他们会模拟任务的每个阶段，以便任务设计者确信他们可以仅凭记忆就能丝毫不差地完成任务。

那些早期的太空探险家敏锐地意识到，他们简单的飞船只允许人类在太空中停留较短时间，自己必须尽快学会以最恰当的方式应对和克服可能遇到的任何技术故障。科学家与宇航员团队紧密合作，为宇航员提供保障，并确保任务成功。工程师们则致力于帮助宇航员掌握载人飞船各项控制功能和使用各种系统。宇航员们甚至不得不接受地面生存训练，以防当他们降落在一个偏僻的地方时，在等待救援期间需要自行维持生命。

首先，也是最重要的，宇航员身处轨道时，他们的基本生理需求必须得到满足。科学家、空军医生和宇航员为人类能在极端的太空环境中存活下来共同努力着，他们竭尽全力将人体包裹在各类防护服、压力服和宇航服中，同时还得考虑那些冒死进入太空的人的各种需求，保证他们的生命安全。大多数情况下，他们是成功的，但也有一些不可忽视的生命损失。

当时有许多人钻研那些有助于身体存活下来的知识。例如，在新墨西哥州，约翰·斯塔普（John Paul Stapp）和其他一些人通过驾驶火箭雪橇模拟宇航员的飞行体验，测试了人体对加速度的承受极限。宇航员乘坐超过10倍重力加速度的离心机，来测试自己的承受极限，借助全动态仿真模拟测试平衡能力和稳定性。通过不断的训练，在太空生存下来必备的各种人体反应，就成了他们的第二本能。

宇航员的训练通常可分为三个阶段：个人一般性训练、集体训练和针对飞行任务的特定训练。太空探险家们以了解、操控和在必要时修理各自的航天器为重点，学习了各项技术和管理技能。即将成为宇航员的受训人员都形成了各自的特长，充当了宇航员团队与致力于建造航天器的技术团队间的联络人。例如，约翰·格伦就负责人机界面方面，代表宇航员一方的意见。最后，随着飞行任务接近发射日期，机组成员会在载人飞船的全尺寸模型中反复演练任务细节。他们一般会变得非常熟练，不假思索地完成每一项任务。

　　早期的载人太空飞行任务期间，这些训练的成绩是显而易见的。宇航员们经常会遇到小问题和设备故障，但每次他们都能成功解决。

太空第一人

　　1961年4月12日，尤里·加加林成为第一位环绕地球运行的人类，在许多美国人的眼中，这是对本国体系制度的一次冲击。由谢尔盖·科罗廖夫设计的东方1号的成功飞行，也成为太空时代最初几年的重大成就之一。苏联进行的首次载人轨道任务，对加加林和苏联来说都是极其重要的。

　　东方1号包含一个重达3吨的球状太空舱，和一个2吨重、带有制动火箭及其他设备的设备舱。它的球形舱仅供一位飞行员乘坐，锥形设备舱会在进入地球大气层时分离出去。

　　东方1号装载在一枚由R-7洲际弹道导弹改进的火箭顶部，被抛入轨道。加加林108分钟的飞行，是冷战时期美国和苏联之间抢先将人送入太空，并以此向世界展现技术优势的直接结果。随着加加林的成功，美国输掉了这场挑战，苏联则在世界范围内被公认为超级科技大国。

　　加加林是不是第一人，或者会不会成功，都不是板上钉钉的。前期曾有过许多次失败，但在冷战期间，苏联隐瞒了那些太空事故。例如，苏联官员否认1960年10月24日在拜科努尔航天发射场发射苏联R-16弹道导弹时发生爆炸，致使炮兵总司令米特罗凡·伊万诺维奇·涅杰林（Mitrofan Ivanovich Nedelin）和其他125人死亡。尽管有关这一事故的报道在苏联观察家中流传了几十年，但直到苏联解体，俄国人才证实了这起事故。那枚导弹的总设计师米哈伊尔·扬格利（Mikhail Yangel）因离开测试区域，到掩体后面抽烟而幸存了下来。在苏联极端紧张的军事氛围中，扬格利本打算挑战科罗廖夫对载人航天项目的把控，但事故发生后，他在克里姆林宫的"身价"便大幅下跌。早期发射失败的谣传，在冷战期间层出不穷。有猜测称，尤里·加加林成功之前，已经有多达两名宇航员死亡。为了解真相，许多历史学家在冷战结束后，对苏联的档案资料和太空先驱的回忆录进行了梳理，但没有证据支持这一猜想。

涅杰林的R-16导弹尝试发射失败后，科罗廖夫仍牢牢把控着态势，继续推进东方号计划。该计划准备使用一枚额外的弹道导弹将太空舱送入轨道，在那里，该太空舱可以为一个人维持一天或更长的生存时间；此外，在飞行结束时，一台不太成熟的固体燃料火箭发动机会将飞船推出轨道，烧蚀型隔热罩会耗散掉太空舱返回地球大气层时产生的热量，在降落到俄罗斯大草原时，降落伞系统将减缓下降速度。

加加林飞行的那天早晨，在一个被称为秋拉塔姆的偏远、与世隔绝的地方，他和作为替补的蒂托夫穿上了宇航服，总工程师科罗廖夫也来到了现场。根据多年后回忆起这次任务的工程师们的说法，当时，参试人员的那种紧张情绪非常折磨人，但加加林却出奇地平静和自信。他进入火箭顶部的太空舱之前，还在运输车的边上撒了泡尿。这成了后来所有宇航员都遵循的一项仪式。

"我们开始吧！"东方1号升空时加加林说道。他是第一个从距地面100英里（约160千米）之上高空看地球的人。当他以每小时17 500英里（约为28 200千米）的速度在轨道上运行时，大陆、岛屿和河流从他眼前滑过。他试图记录下在轨的所见所闻，铅笔却飘走了。按照任何一种标准，这次飞行都是充满危险的，未知情况都是真真切切的，包括技术的安全性和可靠性，仍在成形中的流程和操作细则，以及人类承受发射、失重、再入和着陆等过程的能力。

由于担心加加林可能会因飞行过程受力而丧失行动能力，东方1号由地面进行控制。这次发射成功了，东方1号太空舱在轨道上环绕地球不到一圈后，重新进入地球大气层。按照预定方式，加加林在4.4英里（约7.1千米）的高度从太空舱中安全地弹射出来，伞降在

1961年4月12日早晨，尤里·加加林乘坐巴士，正赶往发射台，即将进行世界上首次载人太空飞行。坐在他身后的是作为替补的盖尔曼·蒂托夫，站着的是宇航员格里戈里·涅柳博夫和安德里安·尼古拉耶夫

太空舱附近。这次任务的成功和随后加加林被提升至英雄地位，代表着苏联的一个高光时刻。1968年，加加林在一次军用喷气式飞机坠毁事故中意外丧生，给此后的苏联带来了沉重一击。

东方1号的飞行尽管在表面上取得了成功，却存在着几个严重问题。自冷战结束以来，越来越多获取到的信息证实了一些分析人士一直所坚信的：开始再入时，太空舱危险地旋转并失去了控制，加加林的飞行差一点就成了一场灾难。加加林在飞行结束后的一次情况汇报中告诉领导们："制动火箭一关机，就猛地晃了一下，太空舱开始以非常高的速度绕轴旋转。"由于设备舱未能与宇航员座舱分离，太空舱失控旋转起来，十分钟后，才从令人头晕目眩的旋转中稳定了一些。不过，加加林还是从太空舱中弹射出来，安全伞降到了地面。第一个看到他的是一位带着孩子的母亲，她们困惑地盯着这个刚从天上掉下来的人。"我和你们一样，是苏联人，"加加林让她们放心，"我是从外太空回来的。"

从1957年的斯普特尼克1号开始，美国就已经被苏联在太空方面收获的"第一"所震撼，然而当时能做的只是对苏联的成就作出反应，直到10个月后约翰·格伦的飞行才能与之匹敌。到1961年秋天，两国之间的太空竞赛已全面展开。

很多年，苏联都对加加林从太空舱跳伞的秘密守口如瓶。作为确认核实航空航天纪录的官方机构，国际航空联合会（FAI）要求飞行员必须与载具一起着陆才能被授予飞行纪录。为了保住纪录，苏联一直延续着加加林与东方1号一起着陆的谎言，直到1971年才承认真相。为了宣称绕地球一圈，苏联人还在发射和着陆位置上撒了谎，事实上飞行轨道并不是完整地绕了地球一圈。

第一个进行轨道交会的也是苏联。1962年8月12日，东方3号（*Vostok 3*）和东方4号（*Vostok 4*）在彼此相距数千米的轨道上擦肩而过，但并不具备实际操控条件，不能执行真正的轨道交会。在最接近的位置，宇航员能够看到从远处航天器反射过来的阳光。东方5号（*Vostok 5*）和1963年6月16日发射的东方6号（*Vostok 6*）也是如此，以重复这项实验。正如科罗廖夫的副手，长期担任苏联太空计划高级官员的瓦西里·米申（Vasily Mishin）在回忆录中所写的那样：

> 编队飞行……嗯，发射过后一天，第一艘飞船就位于拜科努尔上空。如果这时非常精确地发射第二艘飞船，它们就会肩并肩地出现在太空中。当时就是这么做的……两艘飞船竟相距了3英里（约5千米）！由于保密，我们没有说出全部真相，西方专家还没有搞清楚就认为我们的东方号已经配备了轨道迫近设备。就像人们说的，花招算不上是欺诈，这更像是我们的竞争对手在自顾自地欺骗自己。当然啦，我们也没有打破他们的幻想。

在太空时代的最初几年，苏联在太空中取得的成功使其成为前所未有的全球焦点。对于像苏联这样的封闭社会，这些成功的飞行暗示着一种能力——苏联有能力给世界人民留下深刻的印象。

到了二十世纪六十年代的头几年，苏联的太空计划已经变得像谢尔盖·科罗廖夫的个性一样——谨慎、务实、发愤图强，并坚定地致力于系统性的太空探索，这是当时任何人都没能想到的。对安全性的追求，促使他重视那些可增强和已有基础的技术，而不是即用即弃的技术。这一方式很快就成了苏联以及之后俄罗斯太空活动的特点，并延续至今。只有赫鲁晓夫强加给科罗廖夫作为立威项目的上升号体现出了一种不同的策略，弹射系统被三个宇航员座椅代替，这样苏联就能发射三人乘组进入太空，从而击败美国。

加加林飞行之后，美国以开始水星计划作为回应。1961年5月5日，艾伦·谢泼德乘坐红石火箭搭载的自由7号（*Freedom 7*）载人飞船，进行了一次15分钟的亚轨道①飞行，成为进入太空的首位美国人。但这也只是在伤口上涂药，聊以自慰罢了。1961年7月21日发射的第二次亚轨道飞行航天器遇到了罕见的问题。着陆时，水星计划载人飞船自由钟7号（*Liberty Bell 7*）的舱门过早地弹开，飞船在回收前沉入了大西洋，宇航员弗吉尔·格里索姆在被直升机吊至安全地带前差点淹死。直到1999年7月20日，国际海洋工程公司才从大西洋海底打捞起自由钟7号。在"探索频道"资助下，柯特·纽波特（Curt Newport）将飞船从肯尼迪航天中心东南偏东300海里（约555.6千米），近15 000英尺（约4572米）深处打捞了上来。尽管不如加加林的飞行那么具有开创性，但这两次亚轨道飞行任务对NASA的技术人员来说是很有价值的，他们想尽办法排除万难，以实现成功的太空飞行。

经历了这么多首次飞行任务后，把苏联和美国拿来比较是无法回避的。加加林曾环绕着地球飞行，谢泼德更像是从大炮中射出的炮弹，而不是一名太空探险家。加加林的东方1号质量超过5吨，

---

① 亚轨道也称"弹道轨道"。——译者注

自由7号的质量仅略大于1吨；加加林处于失重状态达89分钟，谢泼德只有5分钟。加加林飞行后不久，记者汉森·鲍德温（Hanson W. Baldwin）在《纽约时报》上撰文："尽管美国的军事力量仍然是最强大的，在太空竞赛的许多方面处于领先地位，但世界人民对苏联的辉煌成就印象深刻，故而认为我们在军事和技术上落后了。"

1958—1975年载人探测中重要的"第一"

首位进入太空的人：1961年4月12日，苏联宇航员尤里·加加林乘坐东方1号太空舱进行了一次单圈轨道飞行任务。

首位进入太空的美国人：1961年5月5日，宇航员艾伦·谢泼德乘坐水星计划载人飞船自由7号进行亚轨道飞行任务。

首次为期一天的太空飞行任务：1961年8月6日，苏联东方2号搭载宇航员盖尔曼·蒂托夫。

首位进入轨道的美国人：1962年2月20日，约翰·格伦乘坐水星计划载人飞船友谊7号在轨运行3圈。

首次长时间太空飞行：1962年8月11日至15日，苏联宇航员安德里安·尼古拉耶夫乘坐东方3号在太空中度过了四天。

首次双飞（交会飞行）：1962年8月12日，苏联东方3号和东方4号首次交会，分别搭载宇航员安德里安·尼古拉耶夫和帕维尔·波波维奇。

创造绕地飞行圈数记录：1963年6月14日至18日，苏联宇航员瓦列里·贝科夫斯基在东方5号上绕地球飞行81圈。

首位进入太空的女性：1963年6月16日至19日，苏联宇航员瓦莲京娜·捷列什科娃乘坐东方6号在轨飞行48圈。

首次多人太空飞行任务：1964年10月，苏联上升1号搭载宇航员弗拉基米尔·科马罗夫、鲍里斯·叶戈罗夫（Boris Yegorov）和康斯坦丁·费奥克蒂斯托夫（Konstantin Feoktistov）。

> 首次太空行走（或称舱外活动）：1965年3月，在苏联上升2号任务期间由阿列克谢·列昂诺夫完成。
> 美国首次太空行走：1965年6月3日，由宇航员爱德华·怀特在双子星座4号任务中完成。
> 两航天器首次在地球轨道对接：1966年3月16日，美国双子星座8号与阿金纳目标飞行器完成对接。
> 首次载人绕月飞行：1968年12月24日至25日，美国阿波罗8号。
> 首次载人登月：1969年7月20日，美国阿波罗11号。
> 首次使用月球车：1971年7月26日至8月7日，阿波罗15号载人登月中，美国宇航员首次使用月球车远离着陆地点。
> 两国航天器首次太空交会对接：1975年7月15日至24日，在阿波罗-联盟测试计划中，美国与苏联航天器实现太空交会对接。

　　随着这些问题的解决，NASA工程师开始为水星计划在轨工作做最后的准备。在这一阶段，NASA计划使用一种水星计划太空舱，这种太空舱可以维持单人太空生存达三天之久，而不是短短几分钟。NASA使用了更强大的阿特拉斯火箭，而不是红石火箭，作为这种太空舱的运载器，但这一决定还是有些争议。除了在将火箭与水星计划太空舱对接时要克服的技术难题外，最复杂的是NASA工程师之间关于阿特拉斯火箭用于人类太空飞行是否合适的争论。这是一种非常轻的火箭，由铝制成，并增压以防止其在重力作用下垮塌。冯·布劳恩的火箭团队不相信这种革命性的设计，但他们的意见被罗伯特·吉尔鲁思和他手下太空任务小组的工程师们给否决了。幸运的是，这枚火箭被证实完全能够胜任将第一批美国人送入轨道。

　　到1961年9月，阿特拉斯-水星组合首次无人轨道飞行成功时，大多数问题都已经解决。11月29日进行了最后一次试飞，这次，黑猩猩伊诺斯（Enos）搭乘太空舱进行了两圈轨道飞行，然后通过海上着陆成功回收。然而，直到1962年2月20日，NASA才实现了载人轨道飞行。那天，约翰·格伦成为第一个环绕地球运行的美国人，他在友谊7号（Friendship 7）水星飞船上在轨绕了三圈。然而，这次飞行并非一切顺利。由于自动驾驶故障，最后两圈格伦手动飞了部分轨道段，而且在重返大气层时，他留下了固定在舱体上的制动火箭组件（通常会被丢弃），因为警示灯显示隔热罩松动了。

　　格伦的飞行大幅提振了美国的国民自豪感，至少弥补了一些前期苏联成功带来的影响。公众不仅仅是庆贺科技上的成功，还把格伦当作英雄主义和自尊的化身。数以百计要求格伦亲自露面的请求涌入NASA总部，促使NASA了解到宇航员影响公众舆论的力量。领导层允许格伦出席一些活动并发言，但更多情况下是由其他宇航员来代劳，而且拒绝了许多邀请。除此之外，格伦还在国会联席会议上发表了讲话，参加了全国各地的几场彩带游行。NASA由此发现了一种强大的公关手段，自那之后就一直加以利用。

　　1962年至1963年期间又进行了三次成功的水星计划飞行任务。斯科特·卡彭特于1962年5月20日在轨绕飞三圈，1962年10月3日，沃尔特·斯基拉在轨绕飞六圈。1963年5月15日至16日戈登·库珀的飞行是水星计划的巅峰，他在三十四个小时内绕地球飞了二十二圈。该项目达成了其目的：成功将人送入轨道，研究跟踪和控制方面的问题，了解与太空飞行有关的微重力和其他生物医学问题。但是1963年水星计划结束时，在世界舆论看来，美国仍未赶上苏联，大多数人仍然认为美国在太空方面的成就落后于苏联。

首位太空女性

斯普特尼克1号发射后的第一个十年里，在太空探索的每个方面，苏联的太空计划似乎都取得了成功。1963年6月16日，瓦莲京娜·捷列什科娃成为首位进入太空的女性，凭借她的这次飞行，苏联又取得了一项成就。在谢尔盖·科罗廖夫说服了苏联总理尼基塔·赫鲁晓夫批准将一名女性送入太空后，捷列什科娃于1962年2月16日加入了宇航员团队。与男性宇航员都是经验丰富的飞行员不同，捷列什科娃和其他四名列入东方号任务候选名单的女性——瓦莲京娜·波诺马廖娃（Valentina Ponomaryova）、塔季扬娜·库兹涅佐娃（Tatyana Kuznetsova）、伊琳娜·索洛维约娃（Irina Solovyova）、然娜·约尔金娜（Zhanna Yorkina）——是从400多名伞兵中挑选出来的。捷列什科娃很快就在她的训练小组中脱颖而出，并获批乘坐东方5号飞行。在飞行任务准备期间，她进行了好几个月的艰苦训练，并在失重飞行、隔离测试和离心机测试、工程课程、120多次跳伞，以及米格-15喷气式战斗机飞行员培训中表现突出。科罗廖夫认为她是特别适合于这项任务的候选人，因为她曾是苏联一家纺织厂的工人，出身卑微；此外，她的父亲是一位战斗英雄，在伟大的卫国战争（苏联人对第二次世界大战的叫法）期间的苏芬战争中牺牲。

最初，科罗廖夫计划让两名女宇航员同时进入轨道，捷列什科娃乘坐东方5号，波诺马廖娃乘坐东方6号，但在1963年3月调整了该计划。这两艘飞船仍将相隔几天发射，以便同时位于轨道上，但瓦列里·贝科夫斯基（Valery Bykovsky）成了东方5号的宇航员，捷列什科娃被挤到了东方6号。6月14日，捷列什科娃观看了贝科夫斯基的发射过程，两天后跟着他进入了轨道。

与盖尔曼·蒂托夫的情况类似，捷列什科娃在飞行的大部分时间里都感到恶心，甚至呕吐，但她还是在三天内成功地完成了48圈轨道飞行，在太空停留的时间比那时所有美国宇航员的总和还要长。她返回时受到了英雄般的欢迎，就像之前的尤里·加加林一样，并作为亲善大使被派往世界各地。

无论是在苏联的太空计划中，还是在更广泛意义上的苏联体制下，捷列什科娃的壮举似乎都预示着男女之间更加平等，但实际上，它哪方面都代表不了。捷列什科娃的任务实质上就是一次公开的特技表演，目的是成就另一项太空"第一"。太空竞赛期间，尽管有其他女性受训并渴望飞行，但再也没有其他女性实现太空飞行。1969年，女宇航员骨干被解散。下一个进入太空的女性斯韦特兰娜·萨维茨卡娅（Svetlana Savitskaya），直到1982年8月19日，也就是在捷列什科娃十九年多之后，才进入轨道。在萨维茨卡娅飞行之后的第二年，首位进入太空飞行的美国女性萨莉·赖德（Sally K. Ride），在STS-7航天飞机飞行任务中绕地球飞行。

捷列什科娃随后走上了成为苏联杰出政治家的职业生涯道路，1966—1974年她在苏联最高苏维埃任职，1974—1989年担任最高苏维埃主席团成员，她还代表苏联在几个代表团中任职。随着苏联解体，捷列什科娃于2011年继续效力于俄罗斯国家杜马①，直到2017年都是杜马成员。当奥运圣火传递至圣彼得堡时，71岁高龄的她依然担任了2008年北京夏季奥运会的火炬手。

———————————

① 俄罗斯联邦会议的下院，是常设立法机构。——译者注

在苏联人把捷列什科娃送上太空的同时，许多美国人也认为女性应该有机会成为太空探险家。在"水星七杰"公开亮相后不久，一名参与宇航员选拔的科学家，威廉·洛夫莱斯二世（William "Randy" Lovelace II）便开始研究女性是否能和男性一样在类似的选拔测试中表现出色。1959年，在与美国飞行员杰拉尔丁·科布（Geraldyn "Jerrie" Cobb）会面后，洛夫莱斯邀请她参加与水星计划宇航员同样的测试，并对她的天赋感到惊讶。由于不确定科布是否是特殊情况，洛夫莱斯从"二战"女子航空勤务飞行队（WASP）负责人、退伍飞行员杰姬·科克伦（Jackie Cochran）处获得私人经费，将18名经验丰富的女飞行员带到他的诊所进行秘密测试。

女飞行员们独自或结伴前往进行为期四天的测试，包括在离心机上模拟发射和再入过程重负的试验。她们都是具有商业评级的熟练飞行员，在测试中表现良好。当消息泄露给媒体时，前12名与科布一起被称为"水星十三美"。她们中的一些人认为参与测试能使自己成为NASA宇航员，但NASA并没有直接参与洛夫莱斯的工作。实际上，当NASA的领导们了解到这些试验时，很快就宣布他们没有雇用女宇航员的计划。

这没能拦住美国媒体，他们对这些女性优秀的测试结果进行了大刀阔斧的宣传。选定的标题包括"太空女孩等不及去太空了""活力妈咪放眼天际""为什么不也来位'女宇航员'"。人们对美国第一位"女性宇航员"感到非常兴奋，其中几位女飞行员接受了电视节目采访，大量的采访照片出现在美国各地的杂志和报纸上。

为使NASA接受女性宇航员，科布在幕后广泛游说，并最终在1962年7月争取到了一场引人注目的国会听证会，以探讨女性胜任该项目的可能性。她和同为飞行员的珍妮·哈特（Janey Hart）[1]，在众议院科学与航天委员会（House Committee on Science and Astronautics）面前，使用冷战论据来支持她们的论点，即女性应该参与太空飞行。她们认为率先把一名美国女性送上太空可以在太空竞赛中赢得一项举世瞩目的成就。这次听证会上，NASA的官员们以及宇航员约翰·格伦，都坚持认为宇航员必须是军事试飞员，而训练女性会延缓宇航员培训计划。

听取两天证词后，委员会得出结论，NASA的甄选方式不会很快就变动。当格伦向国会作证说，早期项目中没有女性的位置时，事情就此转折。后来，他承认他的证词既反映了NASA官员的观点，也反映了当时他的个人看法，他说他在之后的几年里克服了这种想法。在美国女性被送入太空之前，还要再等21年，直到1983年6月18日，萨莉·赖德在STS-7航天飞机飞行任务中担任飞行任务专家。听证会后32年，美国才将第一名女驾驶员艾琳·科林斯（Eileen Collins）送入太空。1995年初，在她第一次发射任务之前不久，科林斯听说了"水星十三美"的故事，于是邀请了其中一些人到卡纳维拉尔角见证她的发射。

最初的飞行意味着什么

美国和苏联的早期载人航天任务除了确定宇航员是否能够在极其恶劣的太空环境中生存之外，几乎没有什么其他目标。双方通过

---

[1]　珍妮·哈特的丈夫是密歇根州民主党参议员菲利普·哈特（Philip Hart）。

各自的项目都得到了这样的认识，对于脆弱的智人（*Homo sapiens*）来说，冒险进入一个不能适应的环境有多困难，因此需要设计使人类既能生存，又能完成有用工作的系统。正如来自北达科他州大学的科学家瓦季姆·里加洛夫（Vadim Rygalov）在2008年所谈到的那样："太空飞行首先，也是首要的，是在一个人类原本不存在的环境中，为他们提供生理所需的基本要素。"从最关键的（即短缺就会导致立即死亡）到最不重要的，这些要素包括了地球上的各种不变事物，如大气压、可供呼吸的氧气、耐受的温度、安全的饮用水、可消化的食物、身体可承受的引力和辐射衰减，以及其他一些不那么迫切的要素。太空环境极度恶劣，每一艘载人航天器、每一套宇航服，甚至是设计上最简单的每个子系统，都有其存在的理由。

作为第一批从地球进入太空的人类，美苏两国的宇航员都曾面对着挑战和危险，理所当然地成为自己国家，乃至全世界的英雄。冷战双方都认识到，他们的"星际旅行者"可用来公关，去拉拢其他国家。这点对于两个团队而言都行之有效，其中一些人，例如尤里·加加林和约翰·格伦，都成了公众领域的超级明星。将宇航员派往世界各地，让他们在国会和政治局发表演说，并通过电视传播给更广大的观众，激发了公众对太空竞赛的狂热。二十世纪六十年代，在重大航天事件发生的当下，世界各地的人们都会停下来，看看这些人的表现如何。两国宇航员的一举一动把跌宕起伏、紧张刺激的太空竞赛与数百万人联系在了一起。

第 4 章

奔月的决定

1961年5月，约翰·肯尼迪总统决定将美国人送上月球，这在公众对太空飞行和美国文化的看法上留下了不可磨灭的印记。与人类浪漫情怀关系如此紧密的月亮，正是肯尼迪决定的完美目标。没有哪个载人航天任务生来就具有如此的吸引力，被人们如此积极地看待，而且对一个航天国家的成功来说如此具有代表性。当然，这就是肯尼迪登月决策背后的考虑，也是为什么美国社会同意用大量资源来支持该项目的原因。最终，该项目在十多年内花费了245亿美元。然而，登月决定却产生了神秘的意义，从它发生至今四十多年的时间里，人们一直在进行反思。

　　在本章中，我将重新审视导致决定前往月球的公共政策制定过程。在此过程中，我将设法回答关于登月决定的几个核心问题：首先，是什么导致阿波罗计划在1961年4月至5月间被公开？第二，这个决定与苏联方面的行动有什么关系，苏联又是如何回应的？尽管苏联否认正在进行这样的竞赛，但直到1963年，苏联仍决定将登月竞赛作为其太空竞赛战略的关键要素。

肯尼迪与太空政策的早期制定

1961年5月25日，肯尼迪总统向全国宣布十年内要将一位美国人送上月球。在这项决定公布之前，美国进行了大量的研究和审查，花费了大量资金，做了大量工作，以期到1969年时，使之成为现实。阿波罗计划作为美国有史以来最大的非军事技术项目，只有巴拿马运河的建造才能与之相媲美，也只有战时的曼哈顿计划（Manhattan Project）才可以与之相提并论。登月的目标自然而然地推动了载人航天的发展，水星计划（至少在其后期）、双子星座计划和阿波罗计划都是为了实现登月而设计的。

1953—1960年担任美国马萨诸塞州参议员的约翰·肯尼迪，在1960年作为民主党候选人竞选总统，并由忠实的党务工作者林登·约翰逊作为他的竞选伙伴。肯尼迪利用"让这个国家再次行动起来"的口号，指责共和党的艾森豪威尔政府对二十世纪五十年代日益恶化的无数社会、经济、国际问题无所作为。他极其苛刻地评价了艾森豪威尔在国际关系中的表现，又在所谓的"导弹差距"（后被证实是子虚乌有）上采取了冷战分子的立场。肯尼迪声称，美国的洲际弹道导弹技术远远落后于苏联。他还援引冷战言论，想象共产主义者企图夺取世界，并以1959年古巴革命作为证据——这场革命导致古巴革命领袖菲德尔·卡斯特罗（Fidel Castro）上台执政。曾经担任艾森豪威尔政府副总统的共和党候选人理查德·尼克松（Richard M. Nixon），试图捍卫其导师的政绩，但结果出来后，却是肯尼迪当选了。在超过6800万的民众投票中，肯尼迪以118 550票之差险胜。他在"选举人团"选举中的胜利更具有压倒性，以303比219的优势获胜。

作为总统，肯尼迪对美国的太空计划没有什么直接兴趣。他不是幻想家，没有陶醉在美国开辟太空疆土的画面里，也没有沉迷于对未知世界的探索中。事实上，他更像冷战政治家，在外交事务中具有敏锐的现实政治意识，努力在美苏关系中保持权力和势力范围的平衡。苏联在太空方面的非军事成就迫使肯尼迪作出回应，并发表声明，称美国在太空领域里的能力与苏联一样强。当然，要证明这一点，肯尼迪必须愿意为NASA和民用太空计划投入国家资源。因此，NASA活动的拓展搭上了当时冷战局势的顺风车，同乘的还有被定义为国家首要民用航天事业的阿波罗计划。更重要的是，在肯尼迪看来，冷战使扩大军用太空计划成为必然，特别是发展洲际弹道导弹和卫星侦察系统。

肯尼迪还在为就任做准备时，就任命了一个特别委员会，由麻省理工学院的杰尔姆·威斯纳（Jerome B. Wiesner）担任领导，为美国的太空事业提供建议。后来，在肯尼迪手下担任总统科学顾问委员会主席的威斯纳总结说，国家声望太重要了，不能让苏联在太空探索领域占据领导地位，因此美国要实实在在地进入这一领域。1961年1月10日，威斯纳在给当选总统的报告中写道："太空探索和开发利用吸引了全世界的目光。在未来几年里，美国的声望将在一定程度上取决于我们在太空活动中表现出来的领导力。"

威斯纳还强调了空间技术非军事应用的重要性，包括通信、测绘和气象卫星以及其他一些应用，并强调必须继续努力，为了国家安全，通过诸如洲际弹道导弹和侦察卫星等技术对太空进行开发利用。出于非常现实的原因，他倾向于淡化载人航天计划。他认为美国的运载火箭技术并不发达，抢在苏联人之前把宇航员送入太空的可能性微乎其微。他认为载人航天是一项高风险的事业，成功的概率很低。他还认为载人航天也不太可能产生有价值的科学成果，美国应该把力气花在颇有建树的空间科学方面。

肯尼迪只接受了威斯纳的部分建议，他致力于实施一项比艾森豪威尔时期更有活力的太空计划。肯尼迪对载人航天比他的前任和他的科学顾问都更感兴趣，部分原因是围绕水星计划和NASA正在培训的七名宇航员所发生的事情过于引人注目。威斯纳曾提醒肯尼迪注意与载人航天有关问题中的夸大其词。"事实上，将水星计划列为国家最重视的项目坚定了公众的信念，即人类进入太空是我们非军事太空事业上的最重要目标，"威斯纳写道，"利用媒体宣传该计划，能进一步明确这种信念。"尽管如此，肯尼迪仍然意识到这一计划会获得人们的鼎力支持，并希望确保这点能让公众对他这届政府有个好印象。

但这是一项冒险的事业，如果苏联首先把人送上了太空怎么办？如果宇航员丧生，水星计划失败了又怎么办？作为政治人物，肯尼迪想要将这些风险降到最低。他在最早的关于民用太空活动的声明中就直接提到了这些风险。他表示愿意与苏联合作，毕竟在太空探索方面，苏联仍是仅有的另一个涉足卫星发射的国家。在1961年1月的就职演说中，肯尼迪直接向苏联总理尼基塔·赫鲁晓夫喊话，邀请他合作探索"群星"。十天后，在肯尼迪发表的国情咨文讲话中，他邀请苏联"加入我们，一起开发天气预报项目、新型通信卫星项目，为探测火星和金星等遥远的行星做准备，这些探测器可能有一天会揭开宇宙的奥秘"。肯尼迪还公开呼吁和平利用太空，并在这一新的环境中限制战争。

通过做出这些姿态，肯尼迪实现了几个重要的政治目的。首先，他以政治家的面目出现在世界面前，寻求与苏联的友好合作，而不是破坏性竞争，而且非常清楚赫鲁晓夫几乎不可能接受他的提议。相反，苏联看上去则像是为了国家利益，特别是军事利益，独霸太空。其次，在美苏较量中，苏联因其在太空领域的成就而享有盛名，肯尼迪借此机会降低了苏联的声誉。最后，如果苏联接受肯尼迪口中的合作，那就等于默认了美国在太空活动中与苏联平起平坐，提升了美国在世界舞台的声望。

苏联的挑战又来了

假使美国和苏联之间权力和声望的平衡在1961年春天没有被打破，肯尼迪很有可能永远都不会推进他的登月计划，美国的太空探索方向也可能走上一条完全不同的路。肯尼迪似乎很乐意让NASA以从容的步调来执行水星计划，朝着十年内把宇航员送入轨道的方向努力，并继续发展那些在科学知识和实际应用方面都取得了优异成果的卫星项目。杰尔姆·威斯纳认为："如果肯尼迪根据自己的判断，认为能够在不对国家造成伤害的情况下选择退出一项大型太空计划，他会这么做的。"

肯尼迪根本就不愿意致力于一项强力太空计划的坚实证据出现在1961年3月。当时NASA局长詹姆斯·韦布（James E. Webb）提交了一份申请，要求大幅增加该机构1962年度财政的预算，是为了能在那个十年结束前实现登月。肯尼迪的预算总监戴维·贝尔（David

E. Bell）反对这种大幅调升，并告诉韦布，他必须获得总统的明确承诺，要让登月计划成为政府"在太空表现方面赶上苏联"工作的一部分。1961年3月21日至22日的白宫会议上，韦布和贝尔当着肯尼迪和副总统约翰逊的面，就积极的登月计划的优点进行了辩论。最终总统并不愿意让国家承担更大、更昂贵的太空计划。但同时，出于良好的政治风范，他批准适度增加NASA的预算，以便开发最终需要用来支持登月的大型运载火箭。

要不是有两个重要事件迫使肯尼迪采取行动，那么漫不经心的步调可能仍是美国民用太空活动的常态。新总统上台后不久，美国就又一次遭受了苏联太空活动的重击。1961年4月12日，苏联宇航员尤里·加加林乘坐东方1号成为第一个在太空中执行单圈轨道飞行任务的人。对美国来说，在苏联之前把人送入太空的机会就这样溜走了。

就在加加林取得成就后不久，肯尼迪政府在冷战中又遭到了另一个毁灭性的打击，这促使他们意识到必须要采取行动了。1961年4月15日至19日，在美国政府的支持下旨在推翻菲德尔·卡斯特罗的古巴"猪湾事件"惨遭失败。由美国中央情报局武装和训练的反卡斯特罗古巴难民实施的这次入侵行动，几乎从一开始就是场惨败。它所基于的假设是，古巴人民会行动起来欢迎入侵者，但当这点被证实不成立时，攻击行动就注定一败涂地。美国支持入侵行动对肯尼迪本人和他的政府来说都十分尴尬，这极大地破坏了美国与其他国家的关系，更显得共产主义世界所向披靡。

尽管从来没有明确提及猪湾事件是加快美国在太空领域步伐的原因之一，但当肯尼迪尽力挽回国家尊严时，国际形势无疑起到了一定作用。威斯纳沉思道："我不认为有谁能对此进行评判，但我确信这件事（入侵事件）还是产生了一定影响。我想是总统感受到了压力，要把其他什么事情推到台前来。"艾森豪威尔任期内的NASA局长格伦南，随即把入侵事件和加加林的飞行联系在一起，将其视为导致肯尼迪宣布阿波罗计划的重大事件。他在日记中透露道："在那次（猪湾事件）惨败之后，由于苏联宇航员成功环绕轨道飞行，我认为肯尼迪先生会要求重新评估美国的太空计划。"

重新评估NASA的当务之急

加加林飞行两天之后，肯尼迪再次与韦布讨论了登月计划的可能性，但这位NASA局长作出的该项目花费超过200亿美元的保守估计实在是太高了，于是肯尼迪推迟了作出决定。一周之后，在猪湾事件那段时间内，肯尼迪打电话把太空委员会的负责人约翰逊叫到白宫，讨论在太空领域赶上苏联的策略。约翰逊同意向太空委员会提出此事，并给出行动方针建议。很可能肯尼迪明确要求约翰逊考虑的项目之一就是登月计划，因为第二天，也就是1961年4月20日，他紧接着就给约翰逊写了一份备忘录，提出有关此项目的一些基本问题。肯尼迪想知道"我们是否有机会通过绕月飞行、载人登月或载人登月并返回，来击败苏联人？还有没有什么其他太空计划有希望达成激动人心的成果，能让我们赢？"。

这份备忘录清楚地表明，在等待约翰逊调研结果的同时，肯尼迪已经非常清楚他想在太空中做些什么。他在4月21日的新闻发布会上透露，他倾向于让国家致力于一项让美国人登陆月球的大型项目。他说："如果我们能在苏联人之前到达月球，那么我们就该这么做。"并补充，他已经要求副总统去审查这项太空计划的各种方案。这是肯尼迪在正式宣布前，第一次也是最后一次在公开场合谈论关于登月计划的事情。同样明确的是，肯尼迪的登月计划本质上是用来应对美苏竞争的。对肯尼迪来说，在二十世纪六十年代初紧张的冷战环境下进行的登月计划，是一项旨在推进美国在国际舞台上长远利益的战略决定，目的是夺回由苏联的成功和美国的失败而损失的国际声望。正如政治学家约翰·洛格斯登（John M. Logsdon）所言："这是冷战期间最后的重大政治行动之一。选定登月计划，就是为了在与苏联面对面的竞争中，在全球范围内彰显美国实力。"

　　林登·约翰逊可能非常了解这些情况。在接下来的两周内，他主管的太空委员会用心考虑了先于苏联人登月的可能性以及其他事项。早在4月22日，NASA的休·德赖登（Hugh L. Dryden）就曾对一封来自太空委员会关于登月计划的信息咨询函作了回应，他写道："如果下定决心，举国努力，美国是有机会第一个把人送上月球，然后再把他送回地球的。"他还补充说能够完成这一壮举的最早时间是1967年，但这将花费大约330亿美元，这个数字比NASA未来十年的全部预算还多出100亿美元。一周后，NASA的马歇尔太空飞行中心主任、登月计划大型运载火箭项目负责人韦纳·冯·布劳恩，也对约翰逊提出的类似信息咨询函作了回应。他对副总统说："我们极有可能在苏联之前派出三人乘组绕月球飞行……在首次登月（当然也包括返回能力）上击败苏联人的机会也很大。"他还补充道，采取"全面速成计划"的话，美国能够在1967年或1968年实现登月。

在得到这些技术性意见后，林登·约翰逊开始征求政治领袖们的意见，来了解他们就举国投入以阿波罗计划为核心的加速太空计划的看法。他请来了俄克拉何马州民主党参议员罗伯特·克尔（Robert Kerr）、新罕布什尔州共和党参议员斯泰尔斯·布里奇斯（Styles Bridges），并与几位众议院议员进行了交谈，以评估对加速太空计划的支持程度。在只有少数人犹豫不决的情况下，罗伯特·克尔想办法减轻了他们的担忧，他要求詹姆斯·韦布①针对该项目可行性给他一个直截了当的回答。克尔告诉他的国会同事们，韦布对这个项目很热心，"如果韦布说我们可以把人送上月球，并把他安全带回家，那就一定可以做到"。这一承诺为登月计划赢得了相当多的政治支持。约翰逊还会见了几位商人，以及来自航空航天企业和其他政府机构的代表，以便弄清楚人们在这项新太空举措方面是否达成了共识。这些人中的大多数也都表示了支持。

负责新技术开发的空军系统司令部的指挥官伯纳德·施里弗（Bernard A. Schriever）说出了许多人的心声，他表示加速登月工作"会使我们的太空计划获得关注"。他认为，建立国际声望对美国来说非常重要，回报要比将付出的代价更有价值。基于苏联在世界上的形象，太空委员会成员、国务卿迪安·腊斯克（Dean Rusk）也是这一倡议的支持者。稍晚些时候，他写信给参议院太空委员会说："我们必须对他们的条件作出回应，否则就有可能使那些未表明态度的国家，还有苏联，也可能包括我们的盟国，对权力走向和

---

① 二十世纪五十年代，詹姆斯·韦布曾在克尔的企业集团工作过。

长期利益方向产生根本性的误解。"很明显，在这些早期讨论中，约翰逊总体上赞成扩张性的太空计划，以及尽最大努力让宇航员登月。只要一听到保留意见，约翰逊就会凭借他坚强的个性进行劝说。"好的，"他问道，"那你是希望我们成为一个二流国家，还是我们应该花一点钱呢？"

在4月28日给总统的一份中期报告中，约翰逊总结道："如果愿意的话，美国可以坚定目标、利用资源，在这十年中，非常有机会在太空探索中取得世界领先地位。"他建议穷举国之力进行月球登陆工作。正如肯尼迪所愿，约翰逊通过这波操作为开展阿波罗计划构建出了一个坚实的正当理由。除此之外，他也力图与关键的政界和商界领袖就这个目标达成更广泛的共识。

NASA的态度

尽管NASA领导层普遍对约翰逊所建议的方针感到满意，但他们更多的是基于政治原因同意采取积极的登月计划，并希望尽可能地与该机构的特定优先事项相吻合。NASA局长詹姆斯·韦布，以善于抓住机会操控政治而闻名。他组织了一项短期工作，来加速和扩展NASA的太空探索长期总体规划。这项工作的一个重要部分设法解决了一个合理的担心——科学和技术进步，即创建NASA的初衷不会因国际对抗中的政治需要而黯然失色。1961年5月2日，韦布向杰尔姆·威斯纳表达了该机构技术工程师和科学家们的担忧，他指出："必须审慎考量的是总体规划中的科学和技术组成部分，以及如何向全世界的国家，包括我们自己在内，展现该计划既具价值又有效，且能从中获得实实在在知识的愿景，即便是我们的每一项'飞行壮举'都是在苏联人之后完成的。"他要求威斯纳帮助他"确保这种坚实、富有想象力的全部科学技术价值要包含在其中"。

为了回应这种担心，约翰逊要求NASA为他提供一套具体建议，说明如何在这个十年结束前完成一个科学上可行的阿波罗计划。所出现的是一份详尽的空间政策规划文件，该文件以登月为核心，还附带了几个附属项目，以提高该项目的科学价值，并在广阔的前沿领域推进太空探索：

1. 载人登月飞行所需的航天器和运载火箭；

2. 勘测月球的科学卫星探测器；

3. 核动力火箭；

4. 全球通信卫星；

5. 气象观测卫星；

6. 阿波罗登月科研项目。

约翰逊接受了这些建议，并转交给了肯尼迪，后者批准了整项计划。

最后一个值得关注的主要方面是登月时间。最初NASA预计的是1967年，但随着项目变得更加明确，该机构领导层建议不要对最后期限作出如此严格的承诺。基于NASA的太空飞行经验，韦布也意识到了相关的问题，他建议总统承诺在那个十年末实现登陆，给该机构留下两年的时间去解决可能出现的问题。白宫接受了这项建议。

决定

1961年5月25日，肯尼迪总统在关于"国家紧急需求"的演讲中公布了执行阿波罗计划的承诺，这被宣传为第二份国情咨文。他告诉国会，美国面临着非同寻常的挑战，需要作出超乎寻常的回应。他在宣布登月计划时，承诺说：

> 我们是否想要在世界范围内，在自由和暴政的斗争中赢得胜利？我们是否想要赢得人心？最近几周发生在太空中的壮举，就像1957年斯普特尼克1号一样，让所有人都清楚这场冒险对那些正在选择自己道路的人们的思想产生了怎样的影响……我们进入太空，是因为无论人类必须肩负起什么，自由之人定会一起分担。

然后补充道：

> 我相信国家应该致力于实现这个目标——在这个十年结束前，把人送上月球，并安全地将他带回地球。在这个时期内，没有哪项单一的太空计划比登月更引人注目，或是对太空的长期探索来说更加重要，也没有哪个项目实现起来将是如此困难或昂贵。

罗伯特·吉尔鲁思和韦纳·冯·布劳恩对肯尼迪的决定作出了不同的反应。吉尔鲁思承认："坦白地说，我被吓呆了……我根本不确定这计划能否实现。"即便如此,他还是接受了手头的任务,并发挥到最大限度,尽管有时吉尔鲁思出于对宇航员生命的担忧而感到有些勉强。冯·布劳恩则欣然接受了这一决定,将其作为自己终生雄心壮志的巅峰。两人都为项目倾尽所有,有时在优先级和方法上会有分歧,但总是坚守着最终目标。

在这之前,美国民用太空计划一直以审慎的步调运作着,并有恰当的长期目标。1959年,NASA开始运营一年多之后,就制订了一项正式的长期规划,宣布在二十世纪六十年代的目标是使载人探索月球和附近行星成为可能,由此这项探索也被视为NASA活动的长期目标。该计划要求在1965年至1967年期间,在一项后续会实现载人绕月飞行和永久近地空间站的计划框架内,完成首次发射,同时也要求在1970年后的某个时间点首次载人飞往月球。

肯尼迪在1961年作出了关于阿波罗计划的承诺,从而抛弃了这一长期规划。这样做的同时,他也推翻了艾森豪威尔政府时期建立的促成了那项长期规划的有序的太空探索方式,并逐步将预算增长至联邦政府支出总额的1%左右。1957年斯普特尼克1号发射后,艾森豪威尔拒绝成为公众负面情绪的牺牲品,他所做的仅仅是在1958年勉为其难地设立了美国国家航空航天局,将其作为一个独立的行政分支机构。艾森豪威尔采取了"小步走"的策略,因为他对在冷战中击败苏联有着长远的打算,而不是准备在大范围内展开正面竞争。事实上,他致力于在不造成过度开销的情况下,实现科学和技术能力的发展,以便能够进入太空,并且在太空中执行任务,但这还得与一系列人们更为广泛关切的事项相平衡。

在斯普特尼克危机中,艾森豪威尔感受到了来自不同利益集团的巨大压力，他们要求建立一个内阁级的联邦实体，开展"看得见"的太空探索计划。而他一直认为创建这个机构过于昂贵，而且一旦创建，几乎不可能废除。1958年，美国国家航空航天局成立，这个组织的权力比其他人所希望的要小一些，地位要低一些，艾森豪威尔可以借此转移那些鼓吹激进太空计划的利益集团的注意力。通过这些举措，他挫败了建立一个庞大的、独立的官僚机构的企图。因为那样的机构会以耗资巨大的加速计划与苏联人进行太空竞赛，去实现震惊世界的壮举。

然而，肯尼迪在如何赢得冷战的问题上，却没有那么完善的策略。因此，他更倾向于把每个问题都看成一场生死决斗。对肯尼迪来说，与苏联的每一次对抗都具有规模惊人、孤注一掷的特点。如果1961年艾森豪威尔还在执政的话，他未必会以类似的登月决定应对国际上的挫折。相反，他可能会设法安抚那些被苏联的成功吓跑的人，并仔细解释NASA为探索太空而采取的长期规划。艾森豪威尔式处理方式的线索出现在1962年，他在一篇文章中评论道："为什么要这么急着去月球和其他行星呢？我们已经证明，除了一级火箭的推力之外，我们在以科学方式进行太空探索的方方面面都处于世界领先地位。我认为今后我们应该以有序、科学的方式继续向前推进，在一项成果的基础上搭建下一项成果。"他后来警告说："登月竞赛已经从同样重要的问题（包括教育和自动化）上不成比例地分流了我们的人才队伍和研究设施。"

肯尼迪就与苏联展开登月竞赛的决定，从根本上改变了当时NASA正在进行的太空计划。而人们是否认同这是一种积极的改变，很大程度上只是观点和立场的问题。这项决定搁置了一整套以地球之外人类活动为中心的太空探索设想，该设想的基础组成部分及实现顺序如下：

1. 地球轨道卫星，用以了解在恶劣环境中运行的空间技术的各项要求；

2. 载人地球轨道飞行，用以确定人类是否真的有可能探索和定居于其他地方；

3. 研制一种可重复使用的往返地球轨道的航天器，从而将大气层内的飞行原则拓展到太空，并使太空活动常态化；

4. 建造可永久居住的空间站，用于观测地球，并从那里进行未来远征月球和其他行星的发射任务；

5. 载人月球探索，以创建月球基地和最终建立永久殖民地为目的；

6. 人类远征火星，并最终实现殖民火星。

具体来说，由于阿波罗计划，NASA失去了建造空间站的理由。而空间站在当时及之后都被视为长期探索和开发太空的关键所在。

约翰·肯尼迪没有建造像空间站那样，可以进行持续太空探索的必备基础设施，而是将举国之力投入到登月冲刺上，来显示美国精湛的技术。但最终这就是一场展示而已，除了宣传价值外，并没有什么实用价值。当然，这个项目并不是为了增进科学认识，而是为了解决冷战中的对抗问题，有人可能会辩称阿波罗计划的科学回报还是很重要的。然而，若是它真的使我们在月球上发现了一些有趣的东西，而不是一个被中止的太空探索计划，那阿波罗计划早就成为一群来自地球的宇宙飞船的开路先锋。正因为如此，大多数美国人的观点后来就变成了"到达过"等同于"探索过"。在多次登月后，他们强烈要求减少NASA的经费，并把重点放在其他项目上。仅仅是在很有限的科学目的上，阿波罗计划或许还有些许价值。在此观点之下，人类持续探索太阳系的梦想被废弃了。

公共政策制定的典范——"阿波罗"决策

自肯尼迪站在美国人民面前，宣布应该把宇航员送到月球上之后的四十多年里，分析人士对阿波罗计划决策过程给出了四种基本的解读。到目前为止，其中最具影响力的是这种观念：肯尼迪做出了一项单一、理性、务实的选择，承诺美国将进行登月冲刺，以此在冷战最激烈时期与苏联竞争国际声望。因此，总统和他的顾问们按照一个异常谨慎、合理、明智和合乎逻辑的步骤，确定问题、分析形势、制定应对措施和达成行动共识。时间表从一个点推进到下一个点，从明确问题到合理决策，没有阻滞，也少有弯路，一切都那么干净利落！于是，这项决策便成了制定公共政策的范例。

这一观点始于这样一种主张，即肯尼迪的太空政策是美国和苏联之间冷战争斗导致的，其核心为争夺国际声望。由此看来，阿波罗计划显然就是两个超级大国为其政治经济体系赢得人心而竞争的结果。从本质上讲，阿波罗计划无异于精神层面的战争，它力图在强化美国的同时削弱苏联。

这一解读有很多值得推荐的地方，将其作为出色的政策制定范例来进行研究也是恰当的。它的主要优势在于坚持认为美国登月计划是在冷战危机中对苏联的一种极为有效的回应。与此同时，这种解读最大的问题是，它坚定地相信个人，尤其是不同群体中的个人，甚至是相互竞争的对手，都会符合逻辑地对形势进行评估，做出完全理性的一致行动。然而，事实上在人类生活中几乎没有什么是完全基于理性而进行的，因此这个结论让人难以接受。

针对"阿波罗"决策的第二种解读表明，饱受折磨的经历和攻击性倾向影响了肯尼迪的决策过程，导致他对苏联采取了一种没有必要的、更好斗的方式，迫使他必须"战胜"任何冲他而来的挑战。在某种程度上，甚至可能是肯尼迪制造了危机局势，并在危机中再次展现了自己典型的男子气概，强化了对所有人和事的支配地位。这些分析大多从令人不快的角度来描述肯尼迪，并且聚焦于他压倒一切的竞争意识、整体上的无所顾忌和为了野心不择手段的倾向，而这正是老约瑟夫·肯尼迪（Joseph P. Kennedy）的儿子们被灌输的。这些性格研究认为，肯尼迪是一个需要支配一切的人，他下意识地或在某些情况下故意地制造一些情况，展示自己的掌控能力。作为热情的且具有破坏性的花花公子，他对待女性的严苛态度就证明了这一点。他在体育、商业和政治上与其他所有人的竞争也是如此。这种竞争有可能导致了肯尼迪作为总统在决策过程中不断地引发危机。

按照第二种解读，肯尼迪总统坚定的自信可能是其卡米洛①神秘感的一个重要方面，但作为一个合乎逻辑的结论，这点也同样导致了紧张的冷战局势，而且不止一次地让核浩劫迫在眉睫。与此同

---

① 卡米洛是英国传说中亚瑟王的官殿，充满着骑士时代特有的英雄主义激荡情怀和高贵典雅的迷人魅力。这也正是美国人心目中的肯尼迪。——译者注

时，这种自信掩盖了肯尼迪的弱点——在被迫表明立场前犹豫不决、拖拖拉拉，再加上除了基本的意识形态思维和对政府效能的信心之外，该决策缺乏任何实质性的思想内容，这些都决定了"阿波罗"决策并不仅仅是单纯的理性应对措施。

第二种观点的支持者们不是从长远的角度来看待问题，而是提出，肯尼迪热衷于贩卖恐惧，他将假想的苏联太空实力与美国的弱点摆在一起，并以登月决策作为回应。而这项决策不仅目标着实壮观，开销也十分惊人。由于天性好胜，肯尼迪显然渴望能挎上几把左轮手枪，与赫鲁晓夫在OK畜栏①干上一场。尽管他也承认这可能并不是对付苏联最有效的方式，但其实就是这么一回事。

倾向于体谅"阿波罗"决策的第三种解读方式表明，肯尼迪可能比大多数人所认为的更侧重于与苏联在太空领域开展合作。这一理论聚焦于肯尼迪在其就职演说中呼吁赫鲁晓夫合作探索"群星"，以及在随后的国情咨文中提出以天气预报、通信和太空探索为目的，联合开展空间研究。

即便是在加加林飞行和猪湾事件之后，在1961年5月宣布阿波罗计划的那次演讲的前一个月，肯尼迪还是让他的弟弟罗伯特·肯尼迪（Robert F. Kennedy）悄悄地评估了苏联领导层对采取合作方式进行人类太空探索的意愿。另外，NASA副局长休·德赖登也与苏联院士阿纳托利·布拉贡拉沃夫进行了一系列会谈。肯尼迪还指示威斯纳召集由NASA以外的代表组成的总统科学顾问委员会，为可能的与苏联的合作提出些想法，如建立国际月球基地。具有讽刺意味的

---

① 1881年美国西南部的墓碑镇，发生了OK畜栏枪战。——译者注

是，肯尼迪进行"阿波罗"演说的同一天，威斯纳的幕僚尤金·什科尔尼科夫（Eugene B. Skolnikoff）在一份备忘录中提出："我们应该在合作的深度和广度方面为苏联提供一系列选项。"正如肯尼迪的演讲稿撰稿人特德·索伦森（Ted Sorensen）所说："在太空探索方面，肯尼迪更愿意与苏联合作，这不是什么秘密。"

肯尼迪在1961年5月25日发表了大胆的讲话，两周后，他在维也纳峰会上会见了赫鲁晓夫，并提议将阿波罗计划作为与苏联的联合任务。据报道，这位苏联领导人先是说"不"，之后又说"为什么不呢？"，然后他又改变了主意，说裁军是美苏太空合作的先决条件。1963年9月20日，肯尼迪在联合国发表了一篇著名的演讲，再次提到了联合载人登月计划，并在结束语中敦促道："让我们一起做件大事吧！"但在公开场合中，苏联的态度仍不明朗。例如，《真理报》（Pravda）认为1963年的提议为时过早，也有人认为赫鲁晓夫把美国的提议看作打开苏联社会和损害苏联技术的一种策略。最终，肯尼迪在联合国演讲两个月后被暗杀，而赫鲁晓夫在次年被罢免。尽管这些努力没有促成合作，但肯尼迪在去世前一直寻求各种形式的太空合作，这表明他并不确定只有美国参加的阿波罗计划是最好的选择。

最后一种对"阿波罗"决策的解读强调肯尼迪是一位有远见的领导人，骨子里是一名致力于拓展人类在太阳系活动范围的太空爱好者。按照这种设想，"阿波罗"决策仅仅是探索和殖民太空的第一步。肯尼迪批准阿波罗计划，是因为他是一个目光长远的人，他认为太空探索本身就是一个高尚而有价值的目标。即使没有冷战竞赛，甚至不曾有苏联在太空中的成就，肯尼迪也会作出登月的决定并坚持下去，因为他认为探索是有益的。这种浪漫的太空观可能很有吸引力，它使那些持此观点的人把肯尼迪塑造成了现代的哥伦布，或者是刘易斯和克拉克①，但没有证据支持这种观点。

太空爱好者们可能愿意相信，他们中的一位曾入主白宫，并带领美国踏上了大胆的太空冒险之旅。其实刚好相反，1961年4月加加林飞行之前，肯尼迪在太空探索问题上的态度刻意地摇摆不定，既不坚决支持，也不坚决反对。记者休·赛迪（Hugh Sidey）指出，与其他主要政策领域相比，肯尼迪就任总统时对太空似乎了解比较少，兴趣也要小一些。

最近公布的1962年11月21日肯尼迪总统和NASA局长韦布的白宫会议录音，毫无争议地证实了这种浪漫性解读的谬误。当被要求积极支持更大范围的航天活动时，肯尼迪回答说："我对太空没那么感兴趣。"他说，把那么多钱花在阿波罗计划上，主要原因是其在冷战时期与苏联的对抗中具有重要意义。

所有这些都表明，肯尼迪的"阿波罗"决策比普遍认为的要复杂得多，涉及的问题也更多。但它充其量只不过是美国近代历史上理性决策中一种矛盾的表现。在某种程度上，也因为如此，阿波罗计划留给NASA和航空航天界的是分歧。阿波罗计划的决策给这个航天机构带来一种预期，即总统提出的任何重大太空目标方向都会使NASA得到广泛的支持，得到各种资源并获得授权，以自身认为合适的方式进行分配。NASA的官员们一直没搞明白的一点是，阿波罗计划并不是在正常的政治环境下进行的，也无法重现。

---

① 两位美国探险家。刘易斯与克拉克远征（1804—1806）是美国国内首次横越大陆西抵太平洋沿岸的往返考察活动。——译者注

阿波罗计划恰恰是国家决策过程中的一个反常现象。"阿波罗黄金时代"的幻象很难被克服，超越阿波罗计划去拥抱未来也同样困难。

肯尼迪与总统权限

在宣布登月这件事上，肯尼迪总统准确地把握住了民众的情绪。他的这项决定最初得到了强烈支持，似乎没有人关心当中的困难和相关费用。国会的辩论也是敷衍了事。二十世纪六十年代早期，NASA发现他们迫切需要把拨付下来的资金花出去。同许多政治决策一样，决定实施阿波罗计划也是为了应对无法令人满意的局面，这里指的是苏联在空间和技术领域处于领导地位的全球共识。因此，阿波罗计划是一项补救行动，用来满足飘荡在世界舆论穹庐之上的各种政治和情感需求。它有效地解决了这些问题，如果仅就这些方面进行衡量的话，那是物有所值的。通过宣布阿波罗计划，肯尼迪向全世界表明，美国不会屈居于其超级大国对手之后。约翰·洛格斯登评论道："美国通过这种引人注目和激动人心的承诺投入这场竞赛，除了宣布有意参与竞争之外，并没有做什么，却有效地削弱了苏联太空壮举带来的影响。"正如肯尼迪所希望的那样，这是个卓有成效的象征。

这也给了美国一个露脸的机会。在1961年，登月远远超出了美国和苏联的能力范围，因此，苏联在早期太空活动中取得的领先地位并不会预先决定其结果。而肯尼迪的承诺使美国有机会在太空活动中超越苏联，并在一定程度上挽回其失去的地位。

尽管肯尼迪的政治目的基本上已通过登月决策实现了，但阿波罗计划的其他方面仍需要评估。那些希望看到一项活跃太空计划的人，也就是由NASA科学家和工程师牵头的一群人，通过肯尼迪的声明达成了所愿。1961年，在这些铁杆拥护者面前，出现了一个在艾森豪威尔政府时期从未有过的机会，他们充分利用了这一机会。在支撑阿波罗计划的一揽子计划中，他们加入了更多的项目，他们认为这些项目将大大强化登月投资的科技回报。除了寻求国际声望外，这群人还提出了一项加速的、一体化的国家太空计划，并将科学和商业成分都包括在了其中。

政治必要性、个人承诺、激进主义、科技能力、经济繁荣和公众情绪的独特融合，使1961年那项实施激进登月计划的决策成为可能。接下来就轮到NASA和其他一些联邦政府机构去完成这项总统在短短几段话中提出的任务。到1969年，目标即将实现的时候，与这项决策有关的关键人物几乎都已不在政府领导岗位上了。1963年，肯尼迪被刺客的子弹暗杀，威斯纳随后很快就回到了麻省理工学院，林登·约翰逊接替肯尼迪成为美国总统，但在1969年1月卸任，只比第一次登月早了几个月。韦布笃定地带领NASA度过了二十世纪六十年代的大部分时间，但他的形象却因1967年导致3名宇航员死亡的阿波罗1号事故以及其他一些事情受损。1968年10月，他在不甚明了的情形下退休。休·德赖登和阿波罗计划的几位早期支持者在二十世纪六十年代相继去世，都未能看到该项目大功告成。

在某些方面，阿波罗计划反映了一些人称之为"王权总统"现象的巅峰。这个词语常用于形容约翰·肯尼迪、林登·约翰逊和理查德·尼克松执政期间总统权力的扩张。这一事态的发展，引发许多评论员的批评——指责美国最高行政长官手中的权力太大，可以太过轻易地压倒其他权力中心。到1974年搞垮尼克松政府的"水门事件"发生时，相对于国会和法院，总统权力的扩张和滥用造成了一场全面的政府危机。从二十世纪七十年代中期开始，像阿瑟·施莱辛格（Arthur M. Schlesinger, Jr.）这样的历史学家和政治学家就发出警告称，对总统的依从已经打破了传统的制衡体系。

苏联人决心与美国展开登月竞赛

1961年5月，当美国人正式宣布计划在二十世纪六十年代末登上月球时，苏联方面的意愿是非常真切的，却从没有公开表述过。在被问及与美国人展开竞赛的问题时，苏联官员们却一直否认有过任何相关竞赛。但不管怎样，科罗廖夫、格鲁什科、米申和克里姆林宫内的许多人，都决心要在登月竞赛中完胜美国人。科罗廖夫为实现登月，坚持不懈地提出各种各样的计划。他意识到，必须设计出一款大型火箭推进器，才能将75吨的重量送入轨道，并于1962年说服赫鲁晓夫批准研制N1月球运载火箭。

1964年8月，科罗廖夫说服了赫鲁晓夫支持一项全面的登月计划，尽管科罗廖夫只负责其中的部分工作。一同竞争的几个设计局都被划归科罗廖夫的领导之下。这个名为L3的项目要求在美国人之前将宇航员送上月球。L3的载人飞船将用N1火箭发射入轨，其暂定的有效载荷能力为95吨。同时，赫鲁晓夫又将一个名为LK-1的并行项目安排给科罗廖夫的竞争对手弗拉基米尔·切洛梅（Vladimir

Chelomey），目的是实现两名宇航员绕月飞行。此后，科罗廖夫和切洛梅就苏联太空计划的主导地位展开了竞争，但谁都无法获得成功所需的全部资源。

由于备选太空项目由切洛梅负责，科罗廖夫的另一位长期竞争对手瓦连京·格鲁什科决定与切洛梅站在一起，并为LK-1的月球火箭制造了非常棒的发动机。格鲁什科拒绝为科罗廖夫的项目提供支持，因而科罗廖夫启用了一位名叫尼古拉·库兹涅佐夫（Nikolay Kuznetsov）的火箭发动机设计师。该人忠心耿耿，却没有实际设计经验。科罗廖夫任用库兹涅佐夫为N1制造发动机，然而事实证明这是一场没有回报的豪赌。库兹涅佐夫建造了一台性能优良的发动机NK-33，但它没有足够的推力推升巨大的N1运载火箭，无法单独用于月球发射。为了克服起飞推力不足的问题，N1使用了30台NK-33作为一级火箭的动力，不过工程师们始终未能让它们同步有效地工作，每次火箭试验都是以失败告终。

除此之外，每走一步都内斗不断。1964年年底赫鲁晓夫被赶下台后，科罗廖夫就行动起来，试图接管切洛梅的绕月计划。但他没能成功，还导致LK-1项目于1965年10月被取消。科罗廖夫同意使用联盟号（Soyuz）载人飞船送宇航员进行绕月飞行，并由切洛梅正在研制的新型火箭——质子号（Proton）提供动力。他承诺要在1967年年底，也就是"十月革命"五十周年，实施一次绕月飞行任务。然而，到1965年年底，苏联的计划根本没能实现统一。计划包括搭载宇航员绕月飞掠和登月着陆两个相互独立的任务，这两项任务都是为打败美国人所准备的。

1966年1月，科罗廖夫的早逝加剧了这种混乱。他长久以来的

1969年7月初，两枚*N1*月球火箭出现在拜科努尔航天发射场。火箭起飞后又坠落在发射台上，随后整个发射台区域在剧烈的爆炸中被摧毁了。*N1*是苏联太空计划中为载人月球任务而设计的。前景中是编号5L的助推火箭，载有用于绕月飞行任务的有效载荷；背景中是*N1*的IMI地面试验模型，用于演练并行发射操作副手瓦西里·米申接手了管理工作，但无法掌控苏联太空计划中的那些敌对派系。发生这种情况后，苏联正式否认了存在任何登月计划。

第 5 章
抢占先机

太空竞赛在一系列太空盛事中拉开帷幕。二十世纪六十年代中期之前，苏联一直享受着保持领先的乐趣。这一成就代表了尼基塔·赫鲁晓夫职业生涯的巅峰时刻，而他也把这一点发挥到了极致。从表面上看，苏联的火箭专家取得了一个又一个的惊人成就，直到1965年，美国才通过双子星座计划展示出其超群的实力。在太空时代最初的八年里，苏联似乎在太空飞行的每件事上都做对了。而美国则充其量只是一个弱者，缺乏苏联计划经济所具备的那种团结的力量。美国不得不动员起来，去追赶冷战对手明摆着的强大实力。担任NASA载人航天中心领导的罗伯特·吉尔鲁思和建造了阿波罗计划所用火箭的韦纳·冯·布劳恩，是这个故事的关键人物。当然，就像发生在柏林的数次危机——柏林封锁、空运补给物资和修筑柏林墙，以及其他竞争热点一样，这种竞赛也助长了冷战双方的敌对情绪，坚定了双方的对抗决心。

苏联火箭的研制：从R-7到联盟号

美国和苏联都需要一种推力强大的火箭进行登月竞赛，这种火箭必须能克服引力。1728年，英国科学家艾萨克·牛顿爵士指出，从山顶发射的炮弹可以绕地球运行，前提是它能飞得足够快，而且没有空气阻力使其减速。用来发射炮弹的炸药量越大，它就飞得越快、越远，直到地球引力把它"拽"回地面。如果炮弹达到一定的速度，其飞行轨迹与地球曲线相一致，炮弹就会一直"落"向地球，但永远不会落地，即进入绕地球飞行轨道。牛顿计算出轨道速度应处于每小时23 335千米至28 968千米，也就是每秒6.4千米至8千米[①]，具体取决于海拔高度、空气阻力和其他一些因素。

只有到第二次世界大战，技术得到发展之后，进入绕地球飞行轨道所需的巨大能量才有可能实现。相比之下，从轨道上到其他地方所需的能量要少得多。太空探索界有一句老话：当有了摆脱地球引力所需的能量，你一旦进入了轨道，距想去的任何地方就只有"半步"之遥了。

而这一定义随着时间的推移发生了变化，目前的国际惯例将太空定义为地球上方100千米以外的空间。即使在100千米的高空，大气仍然足够浓密，足以把卫星和宇宙飞船"拽"下来。对于正常的轨道活动，卫星和宇宙飞船必须被推升到近362千米的高度。像太空竞赛期间的那些太空飞行器，常规情况下都飞行在这个高度。

事实证明，发展到达地球上方区域及将航天器送到更远地方的技

---

① 常用的第一宇宙速度取7.9千米/秒。——译者注

术，是具有挑战性的。第一个这样做的，是颇具影响力的合作伙伴兼竞争对手谢尔盖·科罗廖夫和瓦连京·格鲁什科，他们的贡献使得苏联的早期成就得以实现。科罗廖夫建造的大型洲际导弹R-7，配上格鲁什科的火箭发动机，使苏联将一长串的"第一"收入囊中。

R-7最初是在二十世纪五十年代末作为弹道导弹（SS-6）而建造的，但由于准备发射所需的时间很长，一直没能成为一种实用性的武器系统。但它作为科罗廖夫将斯普特尼克1号和斯普特尼克2号，以及首位宇航员送入轨道所使用的火箭而闻名于世。它由一个芯级和周围捆绑的四个助推器组成。飞行大约两分钟后，四个助推器与芯级分离；芯级燃料耗尽后，上面级点火。

这成为一套用于苏联太空发射的高度灵活、可靠的系统。而且随着时间的推移，科罗廖夫和格鲁什科还用更先进的上面级和更高效的引擎对其进行了改进。1961年将加加林发射升空的版本被称为"Block Ye"，可以将5吨左右重量的航天器送入轨道。另一种改进版，带有推力更大的上面级，为二十世纪六十年代中期的上升号火箭飞行任务提供了动力。后来，名为联盟号运载火箭的另一种变体于1966年11月开始用于飞行。许多联盟号系列火箭——联盟-L、联盟-M、联盟-U和联盟-U2，已将数百枚有效载荷送入了轨道。

美国的运载火箭：红石、阿特拉斯和大力神

科罗廖夫和格鲁什科在运载火箭上一直坚守一种基础设计，再根据需要进行改进和升级，以提供更强的运载能力。而美国则依赖于一系列针对预期任务的设计。所有早期的美国太空运载火箭，

都是基于军用弹道导弹的设计，并针对载人太空飞行任务进行了改造。1961年将第一颗美国卫星送入轨道，且首次发射两位美国人进行亚轨道飞行的红石火箭，就来自冯·布劳恩带领的火箭团队。他领导着一批能干的火箭工程师，其中一些人是"二战"结束时跟着他从德国过来的。1952年4月8日，冯·布劳恩将该团队的第一枚导弹命名为红石，肯定了在亚拉巴马州亨茨维尔红石兵工厂的研制工作。那里也是美国陆军集中开展火箭研发的地方。

作为第二次世界大战时德国V-2导弹的直接衍生物，红石火箭的液体燃料发动机以酒精和液氧为推进剂，能产生大约7.5万磅（约34吨）的推力。它近21.3米高，直径略小于1.8米。甚至在NASA成立之前，它就是陆军将首位人类送入太空提案的基础。但这个名为亚当（Adam）的计划似乎不太可能实现。该提案提出采用改进型红石运载火箭，将一名密闭太空舱内的飞行员沿径直通往亚轨道的弹道发射升空。太空舱将到达大约241千米的高度，然后伞降在佛罗里达州卡纳维拉尔角以东的大西洋导弹靶场内。冯·布劳恩已经在那里建立了发射设施。

冯·布劳恩及其团队开发了一种基于红石火箭的弹道导弹丘比特-C。丘比特-C是一种区域弹道导弹（IRBM），它可以在对苏联的战争中，从805千米外摧毁运输要道和运输系统。它可以使载人太空舱以每小时6116千米的速度飞行。在制导方面，它采用了全惯性系统，特点是陀螺仪稳定平台、计算机、发射前编入火箭程序的飞行路径，以及飞行过程中通过信号控制转向机构。对于动力上升阶段控制，红石火箭靠的是带有可动舵面的尾翼及安装在火箭排气管内的耐火碳质叶片。

　　1953年8月20日，红石火箭在卡纳维拉尔角首次发射，战备部队在战场条件下对其进行了测试。丘比特-C随后被部署到驻扎在意大利和土耳其的美军部队服役。美国和苏联之间的冷战对抗推动了火箭技术的发展，也引发了全球的核恐慌。

　　尽管该火箭在技术上取得了成功，但将其部署到意大利和土耳其却破坏了与苏联之间的冷战平衡。美国总统德怀特·艾森豪威尔把导弹送到了欧洲，但他始终明白这一点："最好把导弹扔到海里，而不是扔在我们盟友的头上。"几位国家安全部门的领导警告说，离苏联边境这么近部署核武器是一种挑衅行为，会招致攻击。另外，这项技术是这样的，做好发射准备要花费好几个小时，导弹还必须部署在固定的地面发射场上。而在那种地方，狙击手用一支大威力步枪就能将其摧毁。可即便如此，美国还是这么做了。1962年，赫鲁晓夫在古巴部署导弹的举动，就是对这些丘比特导弹的回应。最终双方通过秘密渠道商讨解决了危机，撤走了导弹。

　　丘比特的部署导致核恐怖成为现实，由此造成的1962年10月古巴导弹危机，也殃及了世界各地的人民。死于核战争的可能，使许多人改变了自己的生活方式，以应对日益严重的核攻击威胁。他们制定了新的对策，建造了维持生命所需的保护系统。

　　这种恐惧促进了许多放射性尘埃掩蔽所的建造。美国人和苏联人都受到鼓动，要采取预防措施，并且相信只要做好充分准备就能在核攻击中幸存下来。此外，苏联还将莫斯科地铁的阿尔巴特—波克罗夫卡线（Arbatsko-Pokrovskaya）修建得非常深，这样就可以用作城市集体防辐射尘埃系统。这条线路存放有装备和物资，以便在核攻击期间维持居民的生活。那里的自动扶梯也是世界上最长、运行速度最快的。核恐怖是非常真切的，虽然并不是红石或丘比特引起的，但它们确实加剧了这种情况。

　　红石火箭还不足以将太空舱送入轨道，但为水星计划前两次进入太空的飞行提供了动力。1961年，艾伦·谢泼德和弗吉尔·格里索姆的飞行任务都是不到30分钟的亚轨道飞行。对于这些任务来说，红石火箭的优点在于，它是一套测试完备、性能可靠的系统，能够完成基本的太空作业。而水星计划的轨道飞行任务则需要推力更大的运载火箭。

　　NASA并没有像苏联人可能会做的那样升级红石火箭，而是采用了完全不同的弹道导弹，对其进行改造后用于载人太空飞行。他们选中了一种改进版的阿特拉斯洲际弹道导弹。于是，SM-65阿特拉斯项目以"武器系统107A"的名义，于1954年2月正式启动，并在作风硬朗、热情又爱卖弄的美国空军准将伯纳德·施里弗的领导下完成了研发。第一枚阿特拉斯火箭于1955年6月11日试射，下一代火箭于1959年投入使用。

　　二十世纪五十年代初，有人提出阿特拉斯构想时，许多人认为这是一个高风险的主张。为了减轻重量，康维尔公司的工程师们在卡雷尔·博萨尔特（Karel J. Bossart，"二战"前移民自比利时）的指导下，用非常薄的内增压弹体代替巨型桁架和厚重的金属外皮，完成了火箭设计。这种火箭有时被称作"钢制气球"，它所采用的工程技术与冯·布劳恩在V-2导弹和红石火箭上使用的保守方法背道而驰。根据博萨尔特的说法，冯·布劳恩根本不需要将他的运载火箭设计得像桥梁那样，能经得起任何可能的冲击。但在冯·布劳恩看来，阿特拉斯太脆弱了，在发射过程中根本撑不住。他认为博萨尔特的做法对载人太空飞行来说太危险了，并评论说："使用这种'新奇玩意儿'（指阿特拉斯火箭）的宇航员，仅凭起飞前敢坐在这家伙顶上，就应该得到一枚勋章！"然而，这种保留意见没过多久就烟消云散了，因为发生了这样一件事：博萨尔特的团队给其中一枚火箭增压，并怂恿冯·布劳恩的一名工程师用大锤敲击火箭，可一锤下去，火箭毫发无损，反弹回来的锤子却差点砸到这名工程师。

关于水星计划载人飞船与阿特拉斯火箭匹配问题的质疑一经解决，任务的步骤就确定下来了。1962年2月将由约翰·格伦乘坐友谊7号进行飞行，接下来在1962年和1963年将由阿特拉斯火箭提供动力，进行三次水星计划飞行任务。

对于其第二个载人航天项目，NASA则把目光转向了另外一种洲际弹道导弹——大力神（Titan）火箭。这种火箭具备将重量更大、功能更强的双子星座飞船送入地球轨道的能力。1955年10月，美国空军与格伦·马丁公司签订了建造大力神1号的合同。这是美国第一种两级洲际弹道导弹，它被设计为安置于地下发射井中。美国先是对54枚大力神1号导弹进行了部署，接着又是54枚改进后的大力神2号导弹。1962年第一枚大力神2号洲际弹道导弹发射成功。二十世纪六十年代中期，改进型的大力神2号被选中用于发射NASA的双子星座飞船，并将其送入轨道。

然而，大力神2号洲际弹道导弹"适于载人"的过程却不是一蹴而就的，NASA的罗伯特·吉尔鲁思要求进行以下几项改进，以使大力神2号可以用于载人太空飞行：

· 为了将载人飞船连接到运载火箭上而进行的结构修改；

·三轴姿态控制、冗余自动驾驶和电力系统；

·电力系统中可充电的空间系统电池；

·安装故障检测系统（MDS）；

·增强推进管理，以解决性能可靠性问题、纵向振动问题，以及燃烧不稳定问题。

其中，大力神2号所面临的挑战中最严重的是它的纵向振动问题，也称为"POGO效应"，因为它的运动方式类似于一个孩子踩在跳跳杆（pogo stick）上跳。解决这一问题需要工程想象力和长时间加班，来稳定燃料流量和保持火箭控制。这些努力的最终结果就是改进后的大力神2号火箭推进系统终于适于载人了。

苏联和美国在发射技术上截然不同的处理方式都取得了成效。美国的做法需要更多的资源，而苏联的尝试则是系统性地建立在先前成功的基础之上。美国人能够对他们的计划进行更大程度上的调整，这得益于他们可以加以利用的一系列技术。而随着时间的推移，苏联人就无能为力了，因为他们只能做某些特定的事情，而不能做特定之外的其他事情。

当时几乎没有人了解苏联能力上的这种局限性。在封闭的社会环境中，成功的消息也只是在事后才宣布，所以除苏联领导层之外，几乎没人知道失败的消息。相较之下，美国的成功和失败，会立即呈现在世人面前。

R-7火箭的一个优点也暴露了苏联整个计划的弱点。R-7是为了发射相当大的有效载荷——核弹头来对抗美国而建造的，但苏联缺乏美国那样的"小型化"能力，无法缩小这些弹头的尺寸和重量，因此发射它们的火箭必须更大。这点让苏联在一开始具有优势，使科罗廖夫能够将第一批卫星和第一位人类送入太空。最初，美国的运载火箭无法将同样重量的有效载荷推入轨道，但随着时间的推移，它们变得更加强劲起来。

太空竞赛初期，这两个国家都没有能够将人类送上月球的火箭，都需要开发这项技术。美国的土星5号在冯·布劳恩及其团队的监管下，在二十世纪六十年代末和七十年代初将美国人送上了月球。可以与此相提并论的苏联N1火箭也造了出来，但从未能成功飞行。科罗廖夫于1966年1月14日去世，据说是痔疮手术失败导致并发症的缘故。他给苏联的太空计划留下了一个巨大的"空洞"，相互竞争的工程师派系竞相争夺太空计划的控制权。最终，科罗廖夫的长期竞争对手、火箭发动机设计师瓦连京·格鲁什科掌了权。但是，没有人能像科罗廖夫所展现出来的那样，对项目中各种要素的技术细节具有同等的把控能力，更不用说统筹项目的睿智了。各种困难与N1火箭如影相随，在经过四次试射失败后，其研发工作在1975年被叫停，而这时距离美国人登月已有五年之久了。

为两到三人建造的飞船：上升号和联盟号

在1961年至1963年东方号早期飞行取得成功之后，谢尔盖·科罗廖夫的设计局开发了上升号载人飞船，这种飞船体积更大、性能更强，能供两到三名宇航员使用。它按照东方号成比例地进行了放大，球形太空舱用于容纳宇航员和仪器，锥形的设备舱装有发动机和推进剂。由于其重量问题，科罗廖夫使用了一种增强的R-7运载火箭，它后来成为联盟号运载火箭的研制基础。1967年，联盟号取代了上升号。现如今，经过升级和改进的联盟号仍在俄罗斯继续使用。

苏联原本打算用上升号计划来研究人体对太空环境的反应，但其前两次飞行就满足了尼基塔·赫鲁晓夫对太空奇观的渴望。上升1号（*Voskhod 1*）于1964年10月12日至13日，搭乘了三名宇航员；上升2号（*Voskhod 2*）于1965年3月18日至19日，完成了第一次舱外活动。赫鲁晓夫在1964年10月被罢免后，苏联新任领导层从旨在提高世界声望的太空飞行中转移了方向，允许科罗廖夫取消上升号计划，将重心更多地放在登月计划上。

上升号技术指标

航天器类型	*Vostok-3KV*（后定名为上升1号） *Vostok-3KD*（后定名为上升2号）
乘载能力	2 人
轨道范围	低地球轨道
建造数量	5艘以上
发射数量	5艘
退役数量	5艘
首次发射	1964年
末次发射	1965年
成员规模	3 人（不穿宇航服）
工作寿命	14 天
总长	5.0 米
最大直径	2.4 米
总重量	5682 千克

事实证明，上升号充其量不过是一艘不起眼的载人飞船。而科罗廖夫对这点咬牙切齿，势必要用更完备的东西来代替它。他在OKB-1的副手们致力于研发一艘能力更强的载人飞船，名字定为"目标7K"或"Soyuz"（俄语意思是"联盟"）。该项目始于1962年，就在美国决定在1970年前登陆月球后不久。科罗廖夫敦促工程师们建造一艘飞船，要能够搭载两名宇航员进行绕月飞行，这个目标对于联盟号飞船来说是不切实际的。1965年，科罗廖夫改变了主意，定了一个不太高的目标，强调一种在任务类型和复杂程度上美国人都尚未进行过的地球轨道任务。

到1966年秋天，联盟号飞船已经做好了试飞准备，而当年1月去世的科罗廖夫，并没能看到这一切。建造出来的飞船由三个舱体组成，重量约为7.25吨。第一个舱体包括仪器、服务性组件，以及电力系统和推进系统；一个居住舱在执行任务期间供乘组全员使用；还有一个小型空气动力学再入舱，用于将宇航员送回地球。

1967年4月23日，联盟号搭载着一名宇航员进行了首次飞行。搭载弗拉基米尔·科马罗夫（Vladimir Komarov）的联盟1号，本来计划与有三名宇航员的联盟2号进行交会，但这次任务遇到了各种各样的问题。联盟1号的太阳能电池板未能展开，导致断断续续的电力供应中断，而且事实证明其姿态控制系统和稳定系统也极其糟糕，能力严重不足。最后科马罗夫不得不返回地球。再入过程中，联盟1号的主降落伞和备用降落伞也都失效了，坠毁时的撞击导致科马罗夫死亡。这是苏联方面第一次与太空探索直接相关的死亡事故，也是第一次在太空飞行过程中发生的死亡事件。当他的太空舱穿过大气层快速下落时，通过无线电可以听到科马罗夫说："舱内温度正在上升。"当向着地面猛冲下来时，他宣告自己"死定了"。

　　科马罗夫死后，苏联的载人航天工作中断了一年半以上。进行一次太空壮举以纪念"十月革命"五十周年的愿望，被这次事故击得粉碎。直到1968年10月，联盟号飞船的飞行任务才得以恢复。一名宇航员乘坐联盟3号试着与自动驾驶的联盟2号进行对接，但没有成功。直到1969年1月，联盟4号和联盟5号上的宇航员在两艘飞船之间进行了对接和太空行走，宇航员才真正成功地完成了任务。此后，联盟号承担着主要的载人航天任务，并一直延续至今。它已经成为有史以来最成功的航天器。

　　纵观整个二十世纪六十年代，东方号、上升号和联盟号为苏联太空计划中的载人部分贡献了相关技术。苏联人也尝试了许多其他不太知名的航天器，但没有一艘能达到允许宇航员乘坐飞行的程度。其中被称为探测器号（*Zond*）的，是一种自动驾驶航天器，有些人认为可以用于抵达月球。探测器5号于1968年9月15日发射，并拍摄了地球和月球的照片。尽管飞行时没有搭载宇航员，但它还是有足够的搭载能力。由于姿态控制失效，飞船进入了弹道返回模式[1]，这种情况会使飞船上的宇航员丢掉性命。但NASA的官员们只想知道苏联是否正计划着在绕月飞行中击败美国。11月11日，苏联发射了探测器6号，它在返回地球前还成功地进行了绕月飞行。这一次再入过程进行得很顺利，但有个垫圈坏了，导致飞船在哈萨克斯坦境内降落过程中失压。尽管如此，NASA的领导们还是确信，下一

---

[1]　弹道式返回是航天器再入大气层时，以较大的倾角（可能接近直角）和较快的速度下降；特点是过载大，落点无法调整和控制，可能产生较大的落点偏差。——译者注

个探测器号可能就会搭载着宇航员实现绕月飞行，所以他们为自己的阿波罗绕月任务——阿波罗8号开了绿灯，这项任务的飞船于1968年12月进行了飞行。

双子星座：那对"双胞胎"

与此同时，美国人研制出了可供两名宇航员乘坐的双子星座载人飞船，并于1965年和1966年搭载宇航员进行了首次飞行，用来研究如何与另一艘飞船交会对接，如何在飞船外开展工作，以及如何收集有关长期太空飞行的生理数据。在阿波罗号准备就绪进行飞行之前，为了在这些领域增加些经验，NASA想出了双子星座计划。1961年秋季，罗伯特·吉尔鲁思太空任务小组的工程师与水星计划飞船建造者麦克唐纳飞行器公司的技术人员共同倾力打造出双子星座号。最初双子星座号只是一个体积更大的水星*Mark 2*号太空舱，但很快就发生了质的变化。它可以容纳两名宇航员，执行长达两周的长期飞行任务。双子星座号飞船率先使用燃料电池代替蓄电池为飞船提供动力（后续所有的美国载人飞船中都采用了这种设计），而且它还进行了一系列其他针对硬件的改进。但这项计划从一开始就存在很多问题：用于在飞行期间为航天器提供动力的燃料电池发生了泄漏，不得不重新设计；用于交会对接的阿金纳（*Agena*）上面级也需要重新配置。这些造成了代价高昂的延误。

双子星座号的目标之一就是要验证受控再入，降落到预先选定的着陆场。其设计者们也稍稍动过这种念头，就是采用兰利研究中心正在开发的滑翔伞进行"干"着陆，而不是"溅落"在水中，并由海军回收。这种受控的降落和着陆，计划通过展开充气式的滑翔伞翼来实现。首先，NASA建造并试验了研究用的滑翔伞飞行器，以测试跑道着陆的可能性。这是一种单座、硬式支撑滑翔伞，设计得很像一架巨大的悬挂式滑翔机。随后NASA与北美航空公司签订合同，让其负责设计、开发和测试这一概念下放大版的载人飞船。一个全尺寸、双飞行员的测试牵引车也被造了出来，用于验证这种想法，以及训练双子星座计划的宇航员进行飞行。测试牵引车测试了操纵、控制和着陆技术。一架直升机在加州爱德华兹空军基地的干涸湖床上空，释放了两翼处于展开状态的测试牵引车，它在那里安全着陆。太空舱的缩比模型是在更高的高度和更快的速度下释放的，为的是复制出再入条件。

飞行任务中，飞船将穿过大气层落回地球，高温再入后，便以亚声速[1]飞行，大概在15 000米的高度，收在飞船中精心设计折叠好的伞翼开始展开。当到达约6100米的高度时，降落中的飞船将会呈现出悬挂式滑翔机的特点，宇航员将使飞船受控着陆，或在水上，或在陆地上。根据该项目在1963年的一项研究，一旦伞翼展开，飞行员就通过手动俯仰和滚转控制，将飞船导向预定的着陆地点。飞行员在离地面约30米的高度执行短暂的点火机动，以较小的速率缓慢下降并着陆。飞船上的脚架将起到着陆腿的作用。

总而言之，滑翔伞研发项目从1962年5月延续到1965年双子星座号飞船载人飞行开始之前。这项计划实际上并没有原来设想的那么成功，NASA的工程师们一直在推迟部署滑翔伞，这意味着最初的几

---

[1] 速度小于每秒340米。——译者注

次任务可能会使用常规降落伞。在1964年的某个时间点上，NASA曾一度计划让前七艘双子星座载人飞船都使用传统的降落伞回收系统，直到最后三次任务再使用滑翔伞。然而NASA的工程师们一直没能让滑翔伞工作正常，最终还是把它从项目中剔除了出去，并采用像水星计划使用的那种降落伞系统来代替。

在滑翔伞还在进行这些尝试的同时，双子星座计划就已经进入了太空飞行阶段。继两次无人轨道试验飞行之后，1965年3月23日进行了第一次实操任务。水星计划宇航员弗吉尔·格里索姆指挥完成

1966年双子星座12号飞行任务期间，宇航员"教父"罗伯特·吉尔鲁思（左）忙里偷闲的一瞬，拍摄于休斯敦飞行任务控制中心，与吉尔鲁思一起的是（右起）：宇航员查尔斯·康拉德、约翰·格伦、艾伦·谢泼德

了这次任务，跟他一起飞行的是1962年被选为宇航员的海军飞行员约翰·扬（John W. Young）。接下来的一次任务是于1965年6月进行的，在高空停留了四天，宇航员爱德华·怀特（Edward H. White）实现了第一次太空行走。再之后是1966年11月间的八次飞行任务。事实上每一次任务都遇到了大大小小的问题，但计划目标还是达成了。双子星座计划作为一项技术性学习计划是成功的，在十次任务（图表3）期间共进行了52项实验。在总统指示的时间范围内，从双子星座计划中获得的数据帮助弥合了水星计划和完成阿波罗计划所需数据之间的差距。在双子星座计划中，两项主要目标——太空行走和交会对接具有特殊的重要性。这些操作都很困难，但双子星座计划促使NASA的宇航员针对这些进行训练，并最终掌握了这些技术。就太空行走和交会对接这两方面，在与美国进行的竞赛中，主要的"首次"成就也都被苏联的太空计划取得。

太空行走

美国人和苏联人很早就都意识到，真正的太空探索需要宇航员能够离开航天器。1965年，两国的太空计划都在着手进行第一次太空行走。美国的双子星座计划已在实施当中，一系列任务目标也已经宣布，其中之一就是太空行走。但是1965年3月18日，上升2号任务期间，苏联宇航员阿列克谢·列昂诺夫（Aleksei Leonov）在第一次太空行走方面，击败了美国。列昂诺夫谈道："让我印象最深刻的是那种寂静。那是一种非常静的寂静，与我在地球上遇到的都不一样，如此广阔和深邃，以至于我开始听到我自己身体的声音：我

图表3　1965—1966年，双子星座飞行任务①

任务代号	发射日期	成员	飞行时长（天:小时:分钟）	亮点
双子星座3号	1965/3/23	弗吉尔·格里索姆 约翰·扬	0:4:53	首次美国双人飞行；首次在机手动操作
双子星座4号	1965/6/3	詹姆斯·麦克迪维特 爱德华·怀特	4:1:56	21分钟舱外活动（怀特）
双子星座5号	1965/8/21	戈登·库珀 查尔斯·康拉德	7:22:55	到那时为止时间最长的载人飞行
双子星座7号	1965/12/4	弗兰克·博尔曼 詹姆斯·拉弗尔	13:18:35	到那时为止时间最长的载人飞行
双子星座6A号	1965/12/15	沃尔特·斯基拉 托马斯·斯塔福德	1:1:51	与双子星座7号交会至3.7米距离内
双子星座8号	1966/3/16	尼尔·阿姆斯特朗 戴维·斯科特	0:10:41	两个机道航天器的首次对接（双子星座8号与阿金纳目标飞行器）
双子星座9A号	1966/6/3	托马斯·斯塔福德 尤金·塞尔南	3:0:21	舱外活动；交会
双子星座10号	1966/7/18	约翰·扬 迈克尔·科林斯	2:22:47	首次双重交会（双子星座10号与阿金纳8号）
双子星座11号	1966/9/12	查尔斯·康拉德 理查德·戈登	2:23:17	首次初始轨道对接；首次绳系飞行；最高地球轨道高度（1368千米）
双子星座12号	1966/11/11	詹姆斯·拉弗尔 巴兹·奥尔德林	3:22:35	到那时为止时间最长的舱外活动（奥尔德林，5小时37分钟）

① 资料来源：NASA, *Aeronautics and Space Report of the President, 1974 Activities* (Washington, D.C.: NASA, 1975)，appendix C, 137-139。

的心脏在跳，我的血管在搏动，甚至肌肉互相摩擦的沙沙声似乎都能听到。天空中的星星比我想象的还多。天空是深黑色的，但同时又被阳光照亮着。"

他把自己从飞船推离，在返回飞船前飘出去了5.3米。紧张时刻接踵而至，列昂诺夫发现他的宇航服增压后膨胀了，而且太硬，无法重新进入气闸舱。于是，他把宇航服里的气放出来一些，减小其尺寸，解决了这个问题。正如列昂诺夫就这段经历所写的那样：

> 在这次任务的训练过程中，我画了一幅画，展示了我是如何想象自己高高在上，位于地球这颗行星上空，置身于外层宇宙，漫步于太空当中的场景。1965年3月，随着我在上升2号上的舱外活动，太空漫步成为现实，梦想成真了。在太空行走过程中，由于在重新进入飞船时遭遇了一些麻烦，我暴露在真空环境中大约20分钟，比预想的要长得多。宇航服中的空气与宇宙真空之间的压差使我的宇航服膨胀起来，变得很硬，我不得不从宇航服中挤出去一些空气，才能关闭气闸舱的外部舱门。

苏联的这次太空行走意图非常明确，为的就是抢先夺取美国双子星座计划稳步推进的成果。然而除了成为"第一"的荣耀外，这项任务几乎没有取得什么其他成就，而且也没有催生出任何后续持续性的工作。实际上，直到1969年1月16日，在联盟4号和联盟5号任务期间，叶夫根尼·赫鲁诺夫（Yevgeny Khrunov）和阿列克谢·叶利谢耶夫（Aleksei Yeliseyev）首次双人太空行走前，苏联再也没有进行过太空行走。

美国的第一次太空行走发生在1965年6月3日，宇航员爱德华·怀特从双子星座4号太空舱中飘了出去。这是一件简单的事情，就是飘浮在太空中，但NASA很快就认识到，在失重条件下做些有用的事情，挑战要大得多。第二次双子星座太空行走被证明几乎是致命的。1966年6月5日，宇航员尤金·塞尔南（Eugene Cernan）在地球轨道上离开双子星座9A号飞船，进行一项关键的舱外活动。这是美国宇航员第二次到太空舱外冒险，让身体暴露在太空的极端环境中。塞尔南很快就发现，他在微重力条件下所做的任何事情，都要比预期消耗更多的能量。他的身体热过了头，这使得宇航服的环境系统负担过重。他头盔上的护目镜被雾蒙住了，没办法看东西，汗水淌入他的眼中，心跳也加快到了正常速度的3倍多。由于脱水，他轻了近10磅（约4.5千克）。最后，经过两个多小时，绕了地球轨道一圈半，在舱外活动的大部分目标都未能完成的情况下，精疲力竭的塞尔南回到了他的双子星座飞船内。

然而，NASA也因此收获了宝贵的经验教训，既包括人体在太空极端环境中的脆弱性，也包括在零重力条件下完成有用工作所需要注意的地方。NASA的工程师重新设计了宇航服，用来提供更为有效的生命保障功能。另外，在巴兹·奥尔德林（Buzz Aldrin）带领下，宇航员们制定了在失重条件下，更加有效地开展实用性工作的步骤。奥尔德林在太空行走方面所做的工作，使得宇航员离开飞船，并在真空中进行一些实用性的工作成为可能。他不辞劳苦地开发出系统性的太空行走程序。他到大型游泳池里去模拟零重力体验，这一体验教会了工程师们如何改进宇航服，使它不至于由于膨胀而妨碍行动，以及防止被包裹在内的宇航员过热或过冷。最终，奥尔德林认可了新宇航服的可靠性，也认可了为1966年11月双子星座12号任务进行舱外活动而制定的操作程序。这次舱外活动，奥尔德林在飞船外面待了五个多小时，并执行了几项登月所需的操作。

事实证明，两艘航天器的交会和对接同样比预想中要困难得多。拥有麻省理工学院航天科学博士学位的奥尔德林，在制定必要的工作程序方面，再次扮演了重要角色。他的学位论文为轨道交会提供了理论基础，为两艘航天器在地球轨道上的机动和对接提供了理论依据。这一任务的操作演示也是在多次失败后才成功的。例如，1966年3月16日，尼尔·阿姆斯特朗（Neil A. Armstrong）作为双子星座8号的主驾驶与戴维·斯科特（David Scott）一起执飞了他的首次太空任务。那次任务中，阿姆斯特朗驾驶着飞船与已经在轨的阿金纳目标飞行器成功对接。虽然对接进行得很顺利，两艘航天器也连在一起绕着轨道飞行，但他们开始经历疯狂地俯仰和翻滚。阿姆斯特朗将双子星座飞船松开，用制动火箭系统重新控制了飞船，宇航员不得不在太平洋紧急着陆。在此之后，经过多次尝试，到双子星座计划末期，交会对接已经成了常规操作，是宇航员正常飞行任务的一部分。苏联宇航员直到很久以后才取得类似的成功。事实上，直到二十一世纪的国际空间站时代，俄罗斯所有的航天器还都是通过遥控驾驶来进行对接操作的。

世界舆论的转变

在太空时代的最初几年里，美国国内舆论对苏联取得的成功表现给予了重视。苏联的成就清单很长，大多数美国人认为苏联人正在赢得这场比赛。这一点在对这个问题的民意调查中得到了证实（图表4）。在二十世纪五十年代末和六十年代初的大部分时间里，苏联人被认为是领先的。随着双子星座计划开始取得成果，这种观念在六十年代中期开始发生转变。从那以后，这种转变再也没有减弱过。到登月竞赛结束时，美国已被全球视为其他国家都希望依附的科学技术"领军者"。

　　当然，美国对苏联在太空领域被视为处于领先地位这种情况感到担忧，从而引发了相关决策，要派遣美国宇航员在二十世纪六十年代登陆月球，但其作用根本上在于为美国地缘政治联盟获取更多的支持。太空竞赛的首要目标是，确保在冷战时期与苏联进行斗争的盟友留在美国阵营；其次是将新兴国家，尤其是那些刚刚从欧洲殖民统治下获得独立的国家，拉拢到美国的势力范围内。1959年菲德尔·卡斯特罗领导的古巴革命战争，在西半球建立了一个共产主义阵地，并导致了多年针对他的秘密行动。担心出现更多像古巴这样国家的想法，深入到了美国人的心中。而美国通过其技术的鲜活特征，给这些国家留下深刻印象来防止这种情况的发生，就成为美国太空竞赛战略的重要组成部分。

　　一些新兴国家的实际领导人，如印度的英迪拉·甘地（Indira Gandhi），为了使自己不断进步的国家取得最大的利益，特别是在技术和经济发展方面，与美苏双方都达成了协议，促使美国和苏联相互抗衡。由于被苏联和美国在太空探索方面的早期成就所吸引，印度科学家维克拉姆·萨拉巴伊（Vikram Sarabhai）寻求与这两个大国都建立关系并开展太空合作。他于1962年策划成立了印度国家空间研究委员会（INCOSPAR），并在1969年创建了其后继机构印度

图表4 苏联在太空领域领先于美国吗？ ①

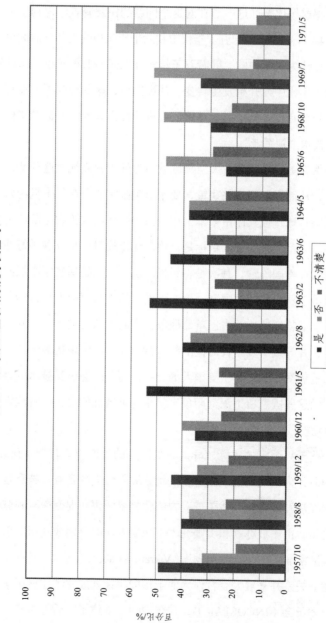

空间研究组织（ISRO）。印度与苏联合作研制并发射了自己的卫星阿耶波多（*Aryabhata*）。该卫星于1975年4月19日进入轨道，用于进行X射线天文学和太阳物理学实验，并测量上层大气中的电离气体。与此同时，印度科学家和工程师在合作项目上也与美国国家航空航天局建立了紧密的联系，并作为NASA在二十世纪六十年代至七十年代发射的几个科学探测器的关键研究人员参与其中。

二十世纪六十年代后期，其他一些国家开始进入美国的太空探索领域。同时，人们的看法也开始转向支持双子星座计划所展现出来的成功和登月努力取得的成就。在这方面，巴基斯坦就是一个例子，该国自1961年以来一直渴望加入太空俱乐部[①]，想以此表明它理应在世界治理上占有一席之地。美国和苏联的成功都给巴基斯坦留下了深刻的印象，该国最终与美国签订了科学合作协议。这样的例子在世界各地屡见不鲜，从二十世纪六十年代第一批与美国盟友的合作项目开始，在随后几十年的后太空竞赛时代，多国联合行动得到了蓬勃发展（图表5）。

登月竞赛有可能成为合作项目吗？

1961年5月，约翰·肯尼迪宣布要在十年内将美国人送上月球的决定，是对苏联的公然挑战，为的就是要证明在太空探索领域的技术统治地位。获胜一方会在尚未结盟的国家中树立威望，也许还能说服他们加入自己的冷战联盟。竞争是实实在在的，令人印象深

---

① 一个由从事航天活动的国家组成的松散联盟。

图表5　1962—1974年，美苏之后进入太空的前十个国家①

国家	卫星	运营方	发射火箭	发射场	发射日期
英国（与美国联合）	羚羊1号	皇家航空研究院	雷神/德尔塔	美国卡纳维拉尔角	1962/4/26
加拿大（与美国联合）	加拿大电离层数据研究卫星1号	加拿大国防研究与发展中心	雷神阿金纳-B	美国范登堡空军基地	1962/9/29
意大利（与美国联合）	圣马可1号	空间研究委员会	侦察兵X-4	美国瓦勒普斯岛	1964/12/15
法国	阿斯特里克斯	法国国家太空研究中心	钻石A	阿尔及利亚哈马吉尔	1965/11/26
澳大利亚	武器研究所卫星	武器研究机构	斯巴达	澳大利亚伍默拉	1967/11/29
欧洲	欧洲航天研究组织2B号	欧洲航天研究组织	侦察兵B	美国范登堡空军基地	1968/5/17
联邦德国（与美国联合）	阿祖尔	—	侦察兵B	美国范登堡空军基地	1969/11/8
日本	大隅号	日本宇宙与航空科学研究所	拉姆达-4S	日本鹿儿岛	1970/2/11
中国	东方红1号	—	长征1号	中国酒泉	1970/4/24
荷兰（与美国联合）	荷兰天文卫星	—	侦察兵	美国范登堡空军基地	1974/8/29

① 资料来源：NASA, *Aeronautics and Space Report of the President, 1974 Activities*（Washington, D.C.: NASA, 1975），appendix A-2, 125-126; Roger D. Launius, *The Smithsonian History of Space Exploration*（Washington, D.C.: Smithsonian Books, 2018），170-171。

刻。它打开了国库，以实现踏足太阳系中另一个天体这个最伟大的目标。苏联上了肯尼迪的当，于1964年开始了自己雄心勃勃的尝试，想要比美国人率先登上月球。

但是，如果美国和苏联就登月计划开展合作，而不是作为一项竞赛，那又会怎样呢？这不仅仅是一个学术问题。正如我们所看到的，从就职演说中对赫鲁晓夫的呼吁，一直到其戛然而止的任期末，为了使登月成为一个合作项目，肯尼迪还是做出了真正努力的。当然，并没有任何合作项目付诸实践。假使肯尼迪活了下来，赫鲁晓夫也能继续执政，那又会是什么样的呢？在他们退场后，比赛仍在继续。但随着时间的推移，苏联在二十世纪六十年代取得的成功越来越少。一方面是因为美国人已经变得更加强大，并在系统性规划下努力实现登月；另一方面则是因为像谢尔盖·科罗廖夫般鹤立鸡群的存在已经从圈内消失，再没有人能将苏联官僚技术机构中相互竞争的派系拢在一起。其结果就是一场奔向终点的比赛，唯一一个做出了值得赞誉成绩的国家就是美国。NASA有国家授权、有充足的资源和明确的方向，1969—1972年，它实现了一项引人瞩目的登月计划。

第 6 章

创造登月能力

美国与苏联之间进行的登月竞赛使得双方的科技实力都呈现出先进复杂之态，描述这些发展就占据了本章的全部篇幅。尽管面临过各种独特挑战，发生过悲剧事故，但这两个国家的努力无疑取得了令人满意的成果。在1969年，那个年代把人类送上月球是一项技惊四座的壮举，像美国人做到的那样——六次登月，具有无与伦比的重要意义。阿波罗计划之所以成功，是因为在统筹方面，阿波罗计划既满足了极其困难的系统工程的要求，又将需求融入技术设计中。

为阿波罗计划做好准备

　　在完成总统1961年关于登陆月球的强制令时，NASA领导层所面对的第一个挑战就是确保资源。即使美国国会在总统声明过后立即积极拨款给阿波罗计划，NASA局长詹姆斯·韦布也有充分的理由担心，一时的危机感会消退，1961年阿波罗计划面对的政治共识会减弱。尽管没有取得多少成功，他还是试图让总统和国会达成一项支持该项目的长期承诺。虽然政客们已经作出理智的承诺,但NASA的领导层仍然担心他们后续可能会在拨款时食言。

NASA最初估计,到二十世纪六十年代末,阿波罗计划的开销大约是150亿美元,这一数字相当于2018年的近2000亿美元。韦布迅速将阿波罗计划的初步预算尽可能地扩大,有时甚至将其翻一倍。他的考量在于,即使NASA没有收到全额的预算拨款,也仍然能够完成阿波罗计划。例如,在1963年的某个时间,韦布将阿波罗计划直至1970年的预算故意提高到超过350亿美元,这只是为了使该项目在必要时能够有喘息的空间。1973年NASA向国会提交的阿波罗计划开销账目以现值美元计算,达254亿。NASA官方公布的开销始终是这个数字,直到1979年的一项分析(如图表6所示),将该数字修正,下调至21 347 641 000美元,其中在即将到来的各个年份中,支出最高

图表6　阿波罗计划的年度开销①(以当年10亿美元计)1973年提交国会的官方预算是254亿美元

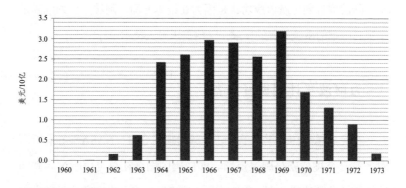

---

① 资料来源:*Chariots for Apollo:A History of Manned Lunar Spacecraft*(NASA SP-4205, 1979),appendix H, 409-411;House Subcommittee on Manned Space Flight of the Committee on Science and Astronautics, 1974 NASA Authorization, Hearings on H.R. 4567, 93/2, part 2, p. 1271。

的是1969年，也就是前两次登月那年。事实证明，通过持续高估成本，韦布使阿波罗计划得以在整个十年里保持了前进势头，这主要是因为他与国会关键成员以及1963年11月就任总统的林登·约翰逊关系融洽。

阿波罗计划得到了足够的资金支持，是美国为了应对苏联的明显威胁，提前作出承诺的情况下实现的。NASA领导层认识到，虽然这项任务规模巨大，但技术和资金仍在他们的掌控之中，他们必须迅速向前推进。因此，年度预算从1960年的5亿美元增加到1965年的高点——52亿美元（图表7）。1965年，其经费达到联邦预算的5.3%。这一比例如果放到2018年，以2018年联邦预算4.09万亿美元为例，NASA的经费相当于2160多亿，而当年他们的实际预算不足200亿。可以肯定的是，花在阿波罗计划上的钱是相当可观的。1965年，作为衡量美国经济状况的生产总值GDP接近4.3万亿美元，NASA的拨款仅占其中的0.07%。不难看出，即使这是一项重大投资，美国也能负担得起登月的费用。

每年拨给NASA的预算中，大约有50%直接用于载人航天，其中绝大多数直接用在了阿波罗计划上。1959—1973年，NASA花费了236亿美元用于载人航天，不包括基础设施和支持性项目，其中近200亿美元是用于阿波罗计划的。此外，韦布还试图将阿波罗计划的范畴扩展为不仅仅是将人类送上月球的任务。因此，即使是那些没有在阿波罗计划中得到官方资助的项目，如徘徊者计划、月球轨道器和勘测者探测器，也可以视为是这项任务的支持项目。

图表7　NASA预算总额[①]（不含通货膨胀因素）

财政年度	金额（10亿美元）	变化率（%）
1960	0.500	—
1961	0.964	+93
1962	1.825	+89
1963	3.674	+101
1964	5.100	+39
1965	5.250	+2.9
1966	5.175	−1.4
1967	4.966	−4.0
1968	4.587	−7.6
1969	3.991	−13
1970	3.746	−6.1
1971	3.311	−12

　　在肯尼迪作出阿波罗计划决定后的七年里，一直到1968年10月，詹姆斯·韦布为了NASA，在华盛顿进行政治运作、劝诱、哄骗和玩弄花招。作为长久的华盛顿内部人士，前预算局局长、杜鲁门政府时期的副国务卿，韦布精通官僚政治，深知官僚政治的本质就是一种相互妥协的体系。例如，不管这位土生土长的北卡罗来纳州人是否真的相信约翰逊政府于1964年提交国会的民权法案，但出于对总统本人的支持，他在国会上展开游说，促使该法案通过了。

① 资料来源：NASA, *Aeronautics and Space Report of the President, 1974 Activities*（Washington, D.C.: NASA, 1975）, appendix E-1 and E-2, 140-141。

这为他赢得了约翰逊的感谢，接着他就利用这点来确保美国政府支持NASA的动议。除此之外，韦布还动用拨给阿波罗计划的资金，为NASA逐步打造了一个既有影响力又有话语权的支持者群体。这种坚定的实用主义做法，也是韦布在担任局长期间与其他政府官员和国会议员打交道的特点。当相互妥协不起作用时，就像有时面对一些国会议员时那样，韦布就搬出"总统指示"来为自己开路，这么做通常都能把事情办成。另外，1963年肯尼迪遇刺后，他时而呼吁继续在政治上为阿波罗计划提供支持，因为这是对已故领导人表达悼念之情的恰当方式。最终，通过各种方法，韦布局长建立了一个无缝的政治联络网，为按时完成肯尼迪宣布的阿波罗登月计划带来了持续的资源和支持。

资金并不是阿波罗计划唯一的关键，为了在总统规定的严格时间限制下实现计划目标，所有人员必须全部动员起来。其人员由两部分构成。首先，到1966年，NASA的内部人员已经从1958年的8000多人增加到了36 000人。此外，NASA的领导层早早就决定依靠外部研究人员和技术人员来完成阿波罗计划，后来参与该计划的签约雇员增加了10倍，从1960年的36 500人增加到了1965年的376 700人（图表8）。私营企业、研究机构和大学提供了从事这项太空计划的大部分人员。

将该项目承担的大量工作纳入正规的官僚机构中，似乎从来都不是一个特别明智的主意。因此在二十世纪六十年代，NASA总预算的80%~90%都用来从公司、大学购买商品和服务。这种依赖私企和大学完成大部分工作的做法早在阿波罗计划之前就开始了，可以追溯到格伦南领导时期的NASA，其中部分原因是源自艾森豪威尔政府

图表8   NASA的人员构成[1]

年份	NASA内部人员	签约雇员	比例
1958/9/30	8 040	—	—
1960	10 200	36 500	1：3.6
1961	17 500	57 000	1：3.3
1962	23 700	115 500	1：4.9
1963	29 900	218 400	1：7.3
1964	32 500	347 100	1：10.7
1965	34 300	376 700	1：11
1966	36 000	360 000	1：10
1967	36 200	272 900	1：7.5
1968	35 000	211 200	1：6
1969	34 000	200 000	1：5.9
1970	32 500	170 000	1：5.2
1971	30 500	130 000	1：4.3

对大型政府机构的不信任感。尽管格伦南的继任者和肯尼迪都不认
同这种不信任感，但他们发现这既是一种不错的政治权术，也是按
照总统期限实现阿波罗计划的最佳方式。这几乎也是利用新兴航空
航天工业和国内一流研究型大学中业已存在的人才和机构资源的唯

① 资料来源：*NASA Historical Data Book, 1958–1968, vol. 1, NASA Resources*
（Washington, D.C.: NASA SP-4012, 1976）；*NASA Pocket Statistics*
（Washington, D.C., January 1971）；Personnel Analysis and Evaluation Office,
NASA Headquarters, Washington, D.C., May 1986; Sylvia D. Fries, *NASA
Engineers and the Age of Apollo*（Washington, D.C.: NASA SP-4104, 1992），
Appendix B。

一途径。

　　除了这些外部资源，二十世纪六十年代早期，NASA还迅速采取行动逐步扩张，以便能够完成阿波罗计划。1960年，NASA由位于华盛顿的一个小型总部，以及三个继承自NACA的研究中心——喷气推进实验室、戈达德空间飞行中心和马歇尔太空飞行中心组成。随着阿波罗计划的到来，这些设施迅速发展起来。此外，NASA还增设了三处设施，专门用来满足登月计划的需求。1962年，它在休斯敦附近建立了载人航天飞行中心（1973年更名为林登·约翰逊航天中心），用来设计阿波罗飞船和月球着陆器的发射平台。这个中心也成为NASA的"宇航员之家"和飞行任务控制中心。NASA随后大规模拓展了位于佛罗里达州东海岸卡纳维拉尔角的发射任务中心。1963年11月29日，这处设施更名为肯尼迪航天中心，其价格高昂、庞大的39号发射场是所有土星5号火箭点火发射的地点。发射场的垂直总装大楼是一个巨大的、昂贵的四十六层结构，阿波罗计划土星运载火箭就是在这里组装的。为了支持土星运载火箭的研发，NASA还于1961年10月在美国南方腹地的一个河口建立了密西西比测试场，1988年将其更名为斯坦尼斯航天中心。这种扩张开销巨大，十年里就花费了超过22亿美元，其中90%是在1966年之前用掉的。

项目管理理念

　　对于那些负责实现肯尼迪总统目标的人来说，调动资源并不是他们所面临的唯一挑战。NASA必须将各不相同的企业文化和问题处理方法融合成一个包容各方的组织架构，并沿着统一的行动计划前行。NASA的每个部门以及与任务相关的大学、私企承包商和研究机构，对如何完成阿波罗计划这项任务都有自己的看法。为了使该项目表面上看起来秩序井然，NASA对格伦南在二十世纪五十年代末从军事工业综合体借用的"项目管理"理念进行了拓展，引进了军事管理人员监理阿波罗计划。这一过程中的核心人物是美国空军少将塞缪尔·菲利普斯（Samuel C. Phillips），他在1962年进入NASA前，是民兵（Minuteman）洲际弹道导弹计划的缔造者。菲利普斯的直属上级是NASA总部的载人航天办公室，该办公室又直接向NASA局长汇报。菲利普斯建立了一个全面综合性的项目办公室，集中管理设计、工程、采购、测试、土建、制造、备件、后勤、培训和运营。

　　项目管理理念的基本原则之一，就是成本、进度和可靠性三个关键因素相互关联，必须作为一个整体加以管理。许多人也认识到了这些因素之间的内在关联：如果项目经理将成本控制在特定的水平上，那么其他两个因素中的一个就会受到不利影响，或者是其他两个因素都会受到影响，只是影响程度相对小一些。阿波罗计划的进度由总统决定，是确定的。由于有人类参与到了飞行当中，而且总统指示登月要安全地进行，所以项目经理非常重视可靠性。因此，阿波罗计划广泛使用了冗余系统，这样一来，故障既可以加以预测，造成的后果也比较轻微。这两个因素的重要性迫使第三个因素，即成本，要远远高于"悠闲"的登月计划（二十世纪五十年代后期所设想的）。事实上，这就是为了在肯尼迪的强制命令下取得成功需要付出的代价，项目经理们则根据这些因素做出了慎重的选择。

1968年11月，美国科学促进会出版的《科学》（*Science*）杂志指出，项目管理理念已被认为是阿波罗计划成功的一项关键部分，并评论道：

> 就资金或人员数量而言，美国国家航空航天局并不是我们最大的国有企业。但就复杂性、增长率和技术先进程度而言，它是独一无二的……后续可能会证明（太空计划）最有价值的副产物将是人，而不是技术。为了完成重大社会任务，他们有能力更好地了解如何规划、协调和监督各个机构大量、多变的活动。

了解复杂架构的管理，以成功完成一项头绪众多的任务，是阿波罗计划的一个重要成果。

在这一管理理念下，菲利普斯精心调配了500多家承包商从事阿波罗计划各方面大大小小的工作。例如，仅仅是土星5号的主要部件，与其签订生产制造合同的承包商就包括：波音公司，负责第一级S-ⅠC；北美航空公司，负责第二级S-Ⅱ；道格拉斯飞行器公司，负责第三级S-ⅣB；北美航空公司洛克达因分部，负责J-2和F-1发动机；以及国际商业机器公司（IBM），负责土星火箭的仪器设备。这些主承包商和250多家分承包商提供了数以百万计的零部件，用于土星运载火箭，全部满足严格的性能和可靠性技术规范。花费在土星运载火箭开发上的总成本达到93亿美元。阿波罗计划的总体规模如此巨大，以至于NASA购置大大小小物品的采购合同，从1960年的大约44 000份，上升到1965年的近30万份。

让包括公务员、生产工人和大学人才在内的所有员工协同工作，对项目经理是个挑战。NASA内部各团体在考虑优先事项上意见各不相同，也在为了资源互相竞争，其中最明显的就是工程师和科学家。作为典型的工程师通常以团队合作的方式建造硬件设备，为了在那个十年末成功完成登月所必需的各种任务。他们的主要目标是在拨给阿波罗计划的财政资源范围内，建造能够可靠运行的运载器。作为另一典型的空间科学家从事纯粹的研究工作，更关心的是设计可以拓展有关月球科学知识的实验。他们往往是个人主义者，不习惯于严格的管理，不愿意对外就项目方向轻易作出让步。这两伙人在与阿波罗计划有关的众多问题上相互争执。例如，科学家们不喜欢为了满足时间、经费或运载火箭的约束条件，而不得不对有效载荷进行配置。同样，工程师们也非常厌恶那些在方案设计完成后新增的科研计划变动，因为这些改变会使他们的硬件运行不顺畅。双方的担心都很合理，但为了完成阿波罗计划，他们不得不保持一种不和谐的合作关系。

此外，在NASA内部，科学界和工程界也都不是铁板一块，两者各自内部的不同意见也在增多，再加上来自工业界、大学和研究机构的代表，为了推动各个科学和技术领域而在不同层面上展开竞争是无法避免的。NASA领导层普遍认为这种多元性是太空计划中的一股积极力量，因为它确保了各方都能表达自己的观点，并将自己的立场锤炼到极致。大多数人得出这样的结论：竞争使太空探索工作更加精细、更加切实可行。不过，争斗中既有胜者也有输家，有时相互间的敌意会愈益恶化并持续多年。而且，科学家和工程师之间，甚至是优先目标不同的科学家或者工程师之间，争论如果严重到相互误解的程度，那对登月计划的实施就有可能是毁灭性的。最重要的是，在像国会听证会这样的公开场合，NASA内部的分歧如果放到台面上，就一定会引起普通民众的担心，认为NASA所谓的专家可能并不真正明白他们是在做什么。NASA领导层强调，分歧要在机构内部公开说出来和解决，而不是在晚间新闻或报纸上。阿波罗计划的负责人努力保持这些因素的稳定和平衡，推进建立有序状态，使NASA能够完成总统的指令。

另一个重要的管理问题源于该机构内部沿袭的研究传统。由于阿波罗计划的规模和被压缩的进度，大部分细节工作不得不以签约的方式在NASA之外完成。因此，除了少数重要的例外情况，NASA的科学家和工程师并没有制造飞行器的硬件，甚至没有对飞行任务进行实际操控，而是在进行项目规划、制定行动指南、评估竞标合同，以及监督那些在其他地方完成的工作。这使那些以研究为导向的NASA员工很是恼火，并在如何实现登月目标上产生了分歧。这种抱怨也不仅仅是说NASA的内部人员想要成为"两手脏脏"、事必躬亲的工程师，而是NASA的科学家和工程师需要有足够的专业知识以确保项目完成。如果内部人员与外部实际工作人员缺乏同样的专业能力，NASA又怎样能监督承包商确实是在制造硬件并进行必要的实验，以满足这项任务的严格要求呢？

有一件事就说明了这一点。土星火箭第二级由北美航空公司在其位于加利福尼亚锡尔比奇的工厂建造，再运往NASA位于亚拉巴马州亨茨维尔的马歇尔太空飞行中心，并在那里进行测试，以确保符合合同要求。土星火箭的这部分工作出现了问题，于是韦纳·冯·布劳恩就开始进行深入的调查。事实上，他手下的工程师们对北美航空公司交付的每个二级火箭段的每一个部分都进行了彻底的分解和检查，以确保没有缺陷存在。这是个贵得离谱且耗费时间的过程，使该级火箭的生产进度几乎停了下来，并危及了总统确定的时间表。

这种情况发生后，韦布让冯·布劳恩停下来，并补充说："我们必须相信美国的工业企业。"在一次会议上这个问题到了摊牌的时候，马歇尔太空飞行中心的火箭团队被要求对其采取的极端措施作出解释。其中一名工程师拿出一块破布，并告诉韦布："这就是我们在这东西中发现的。"马歇尔太空飞行中心的工程师们认为，需要对承包商进行更大范围的监督，以确保生产出最高质量的产品。一种被称为"10%规则"的折中方案出现了：NASA所有资金的10%将用于保障内部人员的专业性和在生产过程中检查承包商的可靠性。

我们怎么去月球？

NASA的早期关键性管理决策之一就是确定了登月的方法。在阿波罗计划当中，没有什么比这项争议更能鲜明地展示NASA内部相互竞争阵营的主基调了。有三种完成探月任务的基本方法被提了出来：

　　1."直接上升法"要求建造巨型运载火箭，用来发射宇宙飞船，将其直接送往月球，并在月球表面投放大型航天器，使其着陆，最后再将其中一部分送回地球。新星（Nova）运载火箭项目预计能够产生高达4000万磅（约18 144吨）的推力，是可以完成这一壮举的。然而即便其他因素没有削减"直接上升"的可能性，新星火箭的巨大成本和复杂技术仍很快使这一选项被排除在外，并导致该项目在二十世纪六十年代初就被取消了。当开始认真规划阿波罗计划的时候，这种方法几乎没有支持者。

2. "地球轨道交会法"是第一种替代"直接上升法"的合理方案。它要求将进行月球旅行所需的各种模块都发射到地球上空的轨道上，让它们在那里交会，将其组装成一套完整的系统，再重新注入燃料，被送往月球。这可以使用NASA研发的土星运载火箭来完成，该运载火箭能产生750万磅（约3402吨）的推力。这种方法可以带来一个合乎逻辑的副产物，即在地球轨道上建立一个空间站，实现月球任务的交会、组装和重新加注燃料。部分是源于这种设想，空间站作为NASA长期规划的组成部分出现了，并成为太空探索的起点。然而，这种登月方式也充满了挑战，特别是找到适合的方法在太空中完成机动、交会，在失重环境中组装部件和安全地加注燃料。

3. "月球轨道交会法"需要将整个探月宇宙飞船一次性发射升空，它将前往月球，进入月球轨道，并把一个小型着陆器投放到月球表面。从开发及运行成本来看，这是三种方法中最简单的一种。但这是有风险的。由于交会是在月球轨道，而不是在地球轨道上进行，因此不允许出现任何错误，稍有失误都将使飞船上的成员无法返回。此外，在飞船进入轨道环月飞行后，必须进行一些极其复杂的航向修正和机动。地球轨道交会

　　使任务的所有可选方案都比月球轨道交会的用时要长。

　　在NASA内部，各种方法的支持者对飞往月球的方式争论不休，而由肯尼迪启动的最重要的"时钟"仍在嘀嗒作响。关键是决策不应再被推迟了，因为飞行方案在一定程度上决定了所需研制的航天器。虽然NASA的工程师可以继续建造土星运载火箭，并确定航天器的基本组成——包括一个适合居住的乘员舱和一个包含推进装置、电子设备和其他消耗性系统的可丢弃服务舱，但如果不对飞行方案进行决策，除了初步设想，其他工作就无法进展下去了。设在兰利研究中心，由约翰·霍博尔特（John C. Houbolt）牵头的NASA交会问题专家咨询组，不断强调月球轨道交会是完成这项任务最迅捷的手段。在1961年至1962年的几个月里，利用复杂的技术参数和经济数据，霍博尔特的小组认为月球轨道交会并不像早先看起来那样极具风险，并说服了NASA的其他领导。

　　最后一个作出让步的是冯·布劳恩和他在马歇尔太空飞行中心的同事们。这群人支持地球轨道交会，是因为在二十世纪六十年代末之前，直接上升法在技术上都是不可行的，再就是因为这种方法为建立空间站提供了合理的理由，确保了增加马歇尔太空飞行中心所承担的工作量，这点对于在NASA内部争夺人员和其他资源的中心主任来说一直都很重要。1962年6月7日，在马歇尔太空飞行中心举行的全天会议上，NASA的领导们聚在一起讨论这些分歧，争论时不时变得激烈。于是，经过六个多小时的讨论，冯·布劳恩终于对月球轨道交会作出了让步。他宣称该方法的支持者已经充分证明了其可行性，任何进一步的争论都会危及总统的时间表。

随着内部争议的平息，美国国家航空航天局于1962年夏天向公众宣布了登月方式。然而，就在NASA准备照此进行的时候，肯尼迪的科学顾问杰尔姆·威斯纳提出了反对意见。他认为月球轨道交会存在潜在风险，可能导致宇航员无法返回地球而失去一名飞行成员。由于这一反对，韦布改变了主意，并表示这一决定只是暂时性的，NASA将安排进行进一步的研究。1962年9月，当肯尼迪总统、威斯纳、韦布以及其他几位华盛顿名人在马歇尔太空飞行中心造访冯·布劳恩时，这个问题被推到了高潮。在随行人员观看土星5号第一级火箭实体模型，供媒体拍照的时机，肯尼迪漫不经心地对冯·布劳恩说："我知道你和杰里①在前往月球的方式上有不同意见。"冯·布劳恩承认了这一分歧。就在威斯纳开始解释他的担忧时，一直保持沉默的韦布开始与他争论，称其"就这个问题，站在了错误的一边"。

在此之前，登月方式的选择只是个乏味的技术问题，但在随后的几天里，却成了媒体反复讨论的政治问题。曾陪同威斯纳访问的英国枢密院议长兼哈罗德·麦克米伦（Harold Macmillan）任职英国首相时期的科学部长——黑尔什姆勋爵（Lord Hailsham），后来在空军一号上问肯尼迪这场争论的结果将会怎样，总统告诉他威斯纳会输，"韦布拿到了所有的钱，而杰里只有我"。肯尼迪是对的。韦布在华盛顿为月球轨道交会争取到了政治支持，并于1962年11月7日宣布这种方法是最终选择，为实现阿波罗计划的硬件技术开发奠定了基础。

---

① 杰尔姆·威斯纳也称杰里·威斯纳（Jerry Wiesner）。——译者注

美国的登月火箭

韦纳·冯·布劳恩在亨茨维尔的火箭团队通过建造有史以来个头儿最大、性能最强、最令人叹为观止的火箭，在登月竞赛中大放异彩。NASA在收编冯·布劳恩领导的陆军弹道导弹局时，接替了开发土星系列运载火箭[①]的工作。当时，冯·布劳恩的工程师们正努力研制第一代土星运载火箭——土星1号，由八个红石火箭助推器围绕着丘比特火箭燃料箱组成，以液氧（LOX）和RP-1（一种煤油）作为推进剂，可以产生20.5万磅（约93吨）的推力。该团队同时也在研制二级火箭——半人马座号（*Centaur*），使用了一种颠覆性的液氧-液氢混合燃料，可以产生更大的推重比。不过，选定的混合燃料使开发二级火箭变成了一项困难的工作，因为这种燃料组合的挥发性很强，不便于进行处理，但这级火箭可以额外产生9万磅（约40.8吨）的推力。实际上，土星1号仅仅是一种用于研发阶段的运载器，它将促成阿波罗计划成功实现。1961年10月至1965年7月之间，土星1号共进行了十次飞行，前四次飞行测试了第一级火箭，从第五次发射开始启用第二级火箭，这些飞行任务的目的是将科学载荷和阿波罗测试舱送入轨道（图表9）。

随着土星1号运载火箭的升级版土星1B号日渐成熟，土星系列的研发工作进入了下一个阶段。有了一级火箭中高性能发动机产生的160万磅（约726吨）推力，这种两级组合火箭可以将62 000磅（约28吨）的有效载荷送入地球轨道。1966年7月5日的第一次飞行，在

---

① 该系列火箭在1960年将阿波罗飞船发射到了月球。——译者注

图表9　土星系列运载火箭发射情况[①]

日期	运载火箭	发射飞船	发射结果
1961/10/27	土星1号	土星－阿波罗1号	成功
1962/4/25	土星1号	土星－阿波罗2号	成功
1962/11/16	土星1号	土星－阿波罗3号	部分成功
1963/3/28	土星1号	土星－阿波罗4号	成功
1964/1/29	土星1号	土星－阿波罗5号	成功
1964/5/28	土星1号	土星－阿波罗6号	成功
1964/9/18	土星1号	土星－阿波罗7号	成功
1965/2/16	土星1号	土星－阿波罗9号	成功
1965/5/25	土星1号	土星－阿波罗8号	成功
1965/7/30	土星1号	土星－阿波罗10号	成功
1966/2/26	土星1号	阿波罗－土星201号	部分成功
1966/7/5	土星1B号	阿波罗－土星203号	成功
1966/8/25	土星1号	阿波罗－土星202号	成功
1967/11/9	土星5号	阿波罗4号	成功
1968/1/22	土星1B号	阿波罗5号	成功
1968/4/4	土星5号	阿波罗6号	部分成功
1968/10/11	土星1B号	阿波罗7号	成功
1968/12/21	土星5号	阿波罗8号	成功
1969/3/3	土星5号	阿波罗9号	成功
1969/5/18	土星5号	阿波罗10号	成功
1969/7/16	土星5号	阿波罗11号	成功
1969/11/14	土星5号	阿波罗12号	成功
1970/4/11	土星5号	阿波罗13号	成功
1971/1/31	土星5号	阿波罗14号	成功
1971/7/26	土星5号	阿波罗15号	成功
1972/4/16	土星5号	阿波罗16号	成功
1972/12/7	土星5号	阿波罗17号	成功
1973/5/23	土星1B号	天空实验室2号	成功
1973/7/23	土星1B号	天空实验室3号	成功
1975/7/15	土星1B号	阿波罗－联盟测试项目	成功

① 资料来源：Roger E. Bilstein, *Stages to Saturn: A Technological History of the Apollo/Saturn Launch Vehicles*（Washington, D.C.: NASA SP-4206, 1980），Appendix C, 414-419。

亚轨道飞行过程中测试了一级火箭和阿波罗太空舱的性能。18个月后，也就是在土星1号和土星5号相继飞行之后，1968年1月22日终于迎来了土星1B号的发射，它同时携带有阿波罗太空舱和登月舱，用来进行在轨测试。

作为家族中最大的运载火箭，土星5号代表了早期运载火箭开发和测试工作的至高点。它直立起来有363英尺（约110.6米）高，分为三级，正是这个运载器可以将宇航员送上月球。该火箭第一级的5台巨型发动机是专为该系统研制开发的，能产生750万磅（约3402吨）的推力。这种被称为"F-1"的发动机是该计划中最重要的一项工程上的成就，它的研制需要开发新的合金和特殊的制造技术，以承受极端高温和发射冲击。1965年4月16日，亚拉巴马州亨茨维尔，这级火箭首次静态试验中雷鸣般的声音，使许多人认识到肯尼迪的目标在技术上已经达到了可以掌控的范畴之内。对另外一些人来说，这则是技术性工作焕发出的"魔力"。一位工程师甚至将火箭发动机技术描述为一种不符合原理的"黑科技"。二级火箭给NASA的工程师们带来了巨大挑战，差点儿导致登月的目标落空。这级火箭由5个燃烧液氧–液氢混合燃料的发动机组成，可以提供100万磅（约453.6吨）的推力。它总是落后于计划进度，需要持续不断地关注和提供额外的资金，才确保了在登月的最后期限前能够完成研制。土星火箭研制计划中的第一级和第三级进展相对顺利。第三级就是土星1B号的放大改进版，几乎没有什么研制困难。

尽管存在着这些难题，但土星5号最大的问题并不在于硬件研制，而在于开发和测试理念的冲突。冯·布劳恩的火箭团队做出了重要的技术贡献，他们严谨的工程实践方式广受赞誉。该团队单独测试了每个系统的每个组件，接着将它们组装起来，再进行一系列的地面测试。然后，工程师们在把整个系统装配起来进行一连串飞行测试前，还会单独发射每一级火箭。虽然这种做法十分严密，但在经费和时间上都消耗巨大，而NASA在这两方面都没有富余。美国国家航空航天局载人航天飞行办公室主任乔治·米勒（George E. Mueller）就不同意这种做法。凭借着在空军和航天工业的经验，加上进度和成本的双重困扰，米勒提出了他所称的"一起上"理念，即整个阿波罗-土星系统在飞行过程中一起完成测试，而不进行那些耗时费力的准备工作。

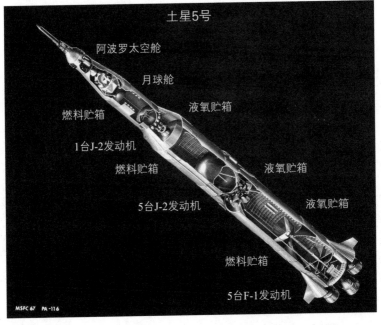

1967年美国土星5号火箭结构剖面图，主要部分均已标注

这是一场精心算计的赌博。1967年11月9日阿波罗4号任务——土星5号火箭的第一次试验，发射的就是完整的阿波罗–土星组合。1968年4月4日又进行了第二次试验，然而火箭的第二级过早熄火，需要将有效载荷送入月球轨道的第三级未能完成任务。尽管试验只是部分成功，但米勒还是宣布试验计划已经完成，下一次发射将搭载宇航员。这场豪赌结果还不错。在17次试验发射和15次载人发射中，土星系列运载火箭只遭遇了一次失败，那就是无人驾驶的阿波罗6号试验飞行，当时有一级火箭在发射时出现了故障。

阿波罗飞船

几乎就在1961年宣布登月的同时，NASA的技术人员就开始了一项激进的计划，为的是开发出一种合理的架构，用于往返月球轨道之旅。他们想到的点子是：一个三人指令舱，要能够在地球轨道或月球轨道上维持人类生命达两周或更长时间；一个服务舱，装载氧气、燃料、机动用火箭、燃料电池和其他再入地球时可丢弃的消耗性设备和生命维持设备；一个附加在服务舱上用来减速的制动火箭系统，为再入做准备；最后，还有一个在进入轨道时被丢弃的发射逃逸系统。水滴形的指令舱有两个舱口，一个在舷侧，在飞行开始和结束时供乘组进出；另一个在头部，带有对接环，用于进出登月舱。

阿波罗飞船的研制工作，从签订合同委派给北美航空公司的1961年11月28日开始，一直延续到进行最后一次试飞的1968年10月22日为止。在此期间，无论是在地面上，还是在亚轨道和轨道飞行中，都通过各种努力来设计、建造和测试这种航天器。例如，

1964年5月13日，NASA在矮胖的小乔2号（*Little Joe II*）军用火箭上测试了阿波罗太空舱的模型。另一个阿波罗太空舱于1964年9月18日进入轨道，当时它是装载在土星1号上发射升空的。到1966年年底，NASA领导层宣布阿波罗指令舱已准备就绪，可以用于载人了。

美国国家航空航天局阿波罗飞船项目经理约瑟夫·谢伊（Joseph F. Shea）负责监督飞船的设计和建造，他带着激情和格调，逼着大家达到文件中都不曾体现的卓越水平。在吉尔鲁思的支持和鼓励下，谢伊在休斯敦的载人航天飞行中心威吓了承包商、NASA的其他官员和参与研制该系统的专家，其中一个特殊的目标就是马歇尔太空飞行中心冯·布劳恩手下的火箭团队。谢伊精通系统工程和一体化集成，他采取了把控项目所有层面的整体处理方式。对于那些被冯·布劳恩的火箭设计师们视为职权范围内的事项，谢伊的介入引发了不止一次冲突，最后还得靠冯·布劳恩和吉尔鲁思充满火药味儿的会议来解决。不管怎样，正如乔治·米勒所回忆的：谢伊贡献了相当多的工程创新和项目管理经验。虽然那些为他工作的人喜欢拿他的怪癖作乐，特别是他蹩脚的俏皮话和明显不够专业的着装，但他们也承认他对工作的奉献精神。谢伊还把自己弄得招人讨厌，经常在关键时期搬进建造场地，睡在一张小床上。到1966年底，他相信自己的载人飞船已经准备好了，但事实却并非如此。

阿波罗1号火灾事故

正当这些开发活动进行时，遭遇的悲剧却给了阿波罗计划当头一棒。1967年1月27日，阿波罗–土星204号（*AS-204*，后定名为阿波罗1号）飞船在佛罗里达州肯尼迪航天中心的发射台上按顺序进行着模拟测试，按计划那将是第一次太空舱内搭载宇航员的太空飞行。那次任务中的三名宇航员弗吉尔·格里索姆、爱德华·怀特和罗杰·查菲（Roger B. Chaffee）都在飞船上，执行着模拟发射程序。经过几个小时的工作，下午6点31分，太空舱里突然着起了火，而里面却充满了拟用于飞行的纯氧。一刹那间，火焰吞没了太空舱。地勤人员花了5分钟才把舱门打开，他们只找到了三具尸体——宇航员都因窒息而死。虽然此前已有三名宇航员丧生，但他们都死于飞机坠毁。这是美国太空计划直接导致的第一起死亡。

在接下来的日子里，NASA和整个国家都深感震惊。当时NASA局长詹姆斯·韦布对媒体说："我们一直都清楚这种事迟早会发生……但谁又能想到第一场悲剧竟会发生在地面上呢？"正当举国哀悼之时，韦布去找林登·约翰逊总统，请求允许由NASA进行事故调查工作，并指导恢复工作。他承诺会如实评判，并保证酌情把责任归咎于自己和NASA管理层。火灾发生后的第二天，NASA任命了一个由八人组成的调查委员会，由NASA官员、兰利研究中心主任弗洛伊德·汤普森（Floyd L. Thompson）担任主席。调查委员会着手去查明这场悲剧的细节：到底发生了什么？为什么会发生？是否会再次发生？问题出在哪儿？NASA如何才能从中恢复？委员会成员发现火灾是由电气系统短路引起的，火苗点燃了太空舱中的可燃材料，舱中又充满了氧气。他们还发现，这本来是可以避免的，于是要求对飞船进行几处改进，包括降低舱内含氧量等。太空舱的改进工作进展很快，在一年稍多一点的时间里它就已经准备好了飞行。

韦布向国会的各个委员会汇报了这些发现，并在每次会议上都接受了个人质询。他的回答有时闪烁其词，而且总是充满防备。平常就对韦布持批评态度的《纽约时报》对此大做文章，表示NASA代表的就是"从来不作正面回答"[①]。尽管这场磨难对于个人来说劳神费力，但无论是巧合还是有意为之，韦布将火灾事故的大部分强烈反应都从NASA这个机构以及约翰逊政府身上转移开了。韦布因为这场灾难声名狼藉，一直未从火灾的污点中缓过来，但NASA的形象和民众支持度基本上没有受损。1968年10月，他离开NASA时，很少有人为他的离去而感到伤心，即便是阿波罗计划已近完成。

在接下来的几个月里，*AS-204*火灾事故在思想上持续困扰着韦布。自从1961年进入NASA以来，他一直是技术管理体系的高级领导，主张专家的权威，他组织有方、领导得当，拥有足够的资源以解决这个国家面临的许多巨大的经济、社会和政治问题。在1969年出版的《太空时代的管理》（*Space Age Management*）一书中，韦布写道："我们的社会已经到了这样一个阶段，它的进步，甚至是它的生存都越来越依赖于我们统筹复杂事务和处理不寻常事情的能力。"他相信自己已经在NASA树立了统筹复杂事务的典范。

然而，在韦布范例一般的管理模式下，NASA却未能预见并解决阿波罗太空舱设计中的缺陷，也没有采取事后看来再正常不过的预防措施，以确保乘组的安全。于是，整个体系崩溃了，韦布对NASA其他官员的信任越来越少了，他把越来越多的决策权抓在了自己手里。在担任美国国家航空航天局局长的剩余时间里，这一点一直困扰着他。在解决问题方面，技术上的失败预示着这样一种美国文化

---

① 英文原文"Never a Straight Answer"的首字母组合与美国国家航空航天局缩写"NASA"相同 。——译者注

趋势：许许多多社会弊病都将被归咎于技术。当NASA试图为其后续项目赢得政治支持时，尤其要面对这个问题。

没有人比谢伊和北美航空公司里与他职位相当的哈里森·斯托姆斯（Harrison Storms）把阿波罗火灾事故看得更重了。他们二人后来都被重新安排了工作岗位。谢伊的岗位调整有一部分原因是宇航员的死亡对他造成了心理创伤，他开始用酒精和镇静剂来进行自我治疗。没过几周，克里斯·克拉夫特就透露说谢伊的古怪行为妨碍了火灾后的恢复工作。他回忆起一次关于飞船的会议："谢伊站起来，平静地读一份关于调查进展情况的报告，但不到一分钟就开始跑题了，又过了三十秒，他就语无伦次了。我看着他，就像看到了我患有早发性痴呆的父亲，这既恐怖又令人慨叹。"韦布也担心谢伊，请他到华盛顿继续为阿波罗计划提供帮助，并向谢伊承诺，他只为韦布一个人工作。但韦布没告诉谢伊，在他的手下没有人为他工作。二十世纪七十年代担任马歇尔太空飞行中心主任的罗科·佩特龙（Rocco Petrone），在大火着起来时，就在肯尼迪航天中心的掩体中，坐在宇航员唐纳德·斯莱顿旁边。他把这场事故归咎于谢伊，据说还对谢伊说："你就是个祸害，你就是火灾的罪魁祸首。你死后，我会去你的坟墓上撒尿。"

阿波罗火灾事故后，谢伊于1967年7月离开了NASA，去了雷神公司，在那里工作了许多年。后来，他曾担任NASA的顾问，但再也没有直接为NASA工作过。谢伊被替换掉这件事，虽然并没有宣布为是种惩罚，但公众却都是这样认为的。如果不是因为这场事故，谢伊没有理由会在项目接近飞行阶段被替换掉。就斯托姆斯而言，北美航空公司牺牲了他，重新得到了NASA的"恩宠"，并从事故中恢复了过来。斯托姆斯因为被逼着背黑锅，所以一直没有原谅NASA。

登月舱

如果说土星运载火箭和阿波罗飞船是项艰难的技术挑战，那么登月计划硬件中的第三部分——登月舱，就是这次任务的"问题儿童"了。登月舱开工就比原定时间晚了一年，而且一直落后于计划进度。它代表了整个探月任务中最严峻的设计挑战，尤其是因为它要安全地把乘组运送到另一个星球表面，并实现软着陆，后续还要将他们送回月球轨道。在那里，乘组可以再次与指令舱会合，并踏上返回地球的旅程。所有这些操作以前都没有进行过，因此登月舱一直落后于计划进度，还超出了预算，也许就是可以理解的了。

该项目的许多困难来自需要设计两个独立飞船组件——一个用于下降到月球表面，另一个用于返回指令舱。这两个发动机都必须工作得完美无缺，才能保证宇航员不会被困在月球表面而没有办法回家。着陆机构也是个问题，它必须既轻又坚固，还要抗冲击。导航、机动性和飞船控制也令登月舱工程师们头痛不已。在经历了各种工程问题之后，一架外观笨拙的乘载工具出现了，并在1968年初被宣布可以用于飞行，它将由两名宇航员站着驾驶。

诺思罗普·格鲁曼公司的登月舱总设计师托马斯·凯利（Thomas J. Kelly）回忆了这项设计必须要达成的目标："指令舱要完全满足重新进入地球大气层时的需求，所以它必须紧凑、呈流线型，等等。不过，这几点登月舱都不用达到，它需要的是能够在月球上着陆，并能在太空不受限制的环境中及月球表面运行。于是，一个又窄又长、重量非常轻的乘载工具被研制出来，它与指令舱的所有特征完全相反。如果你试图把这些特点都在一部乘载工具上实现，那真的就是个问题了。我不知道你会怎么做。但像现在这样，采用这项任务中的解决方式，它就被很干净利落地分成了两个部分。"

苏联和美国的月球宇航服

除了载人飞船技术之外，苏联和美国的登月计划都投入了巨资，为各自的探月任务开发宇航服，不过双方研制出来的宇航服却迥然不同。二十世纪六十年代中期，苏联工程师研制出了克列切特94型舱外宇航服。这套宇航服重198磅（约89.9千克），穿着在一件液体冷却的贴身内衣外面，可以连续工作10个小时，使用寿命为48小时。它也采用了半刚性结构，上半身躯干的硬质部分是铝制的，但它最重要的创新点在于宇航服背包上的舱门式开口，这让宇航员穿脱更加便利。克列切特94型安装在胸部的仪表板使宇航员能对自身生命保障系统进行非常好的控制。虽然克列切特94型宇航服从未在月球上使用过，但它的设计影响了苏联和美国许多后续的舱外宇航服。

美国的A7L型宇航服要更复杂一些。这种经过七次迭代版本的宇航服，是为在月球表面或在太空舱外活动失重期间提供生命支持而设计的。它与苏联宇航服相比有更长的寿命，可以使用长达115个小时。就像克列切特94型一样，A7L型也有一件液体冷却式内衣，此外它还有一套两件式压力服和另外一件一体式罩衣。这套宇航服的头盔、手套和靴子都是单独穿戴的。虽然A7L型确实有效，可以在各种月球短途旅行和其他舱外活动中保障宇航员的安全，但穿上和脱下却极其费劲，这成为NASA后续开发宇航服被纳入考虑的一个因素。

苏联火箭技术

尽管苏联公开否认参与了太空竞赛，但在整个二十世纪六十年代里却积极参与竞争，为的是胜过美国人。在肯尼迪的登月决定之后，赫鲁晓夫启动了两项截然不同的计划，这两项计划都是高度保密的。第一项是载有宇航员的绕月计划（L3项目），采用联盟7K-L1号（又称探测器号）载人飞船，装载在质子K号火箭顶部发射升空。该计划在切洛梅的指导下向前推进，赫鲁晓夫的支持为他获取这项飞行任务所需的资源带来了便利。L3项目同时得到了格鲁什科的支持，他的火箭发动机是全苏联最好的。格鲁什科一点儿都不喜欢科罗廖夫。尽管科罗廖夫的设计局在与切洛梅互相竞争时，赢得了将宇航员降落在月球表面的任务，但他却经常面临来自其他设计局的内部斗争。这帮竞争对手为了获得苏联体系内的优先待遇和前往月球所需的资源，使任务几乎陷入停摆状态。如果说美国人和苏联人所理解的成功之间存在一点根本区别的话，那就是NASA有一个明确、公开的授权，要在那个十年末到达月球，这点没有人可以质疑；而苏联人则没有一个所有人都一致支持的决策机构，对于苏联人来说，没有一项决定是最终的，克里姆林宫的政治事务就像陀思妥耶夫斯基（Dostoevsky）的小说一样错综复杂。

1966年1月科罗廖夫去世后，官僚体制的弊病暴露无遗。苏联方面对太空竞赛的管理已经混乱不堪，而且随着科罗廖夫的离场，他所持有的庄严感也随之消失了。苏联的登月计划逐渐演变成各个设计局负责人和克里姆林宫中多事者之间的争吵。米申接替了科罗廖夫，但他无法筹集到完成目标所需的资金。切洛梅认为，就他的观点而言，由格鲁什科的质子号火箭提供动力的载人绕月计划应该优先于科罗廖夫、米申牵头的载人登月计划。这种官僚主义内斗使苏联在时间和金钱上都付出了代价。其间，N1火箭的设计工作取得了进展。它高345英尺（约105.2米），重约2750吨，第一级有30台发动机，第二级有8台，第三级有4台。按照科罗廖夫的最初决定，所有的发动机都由液氧和煤油提供能量。由于缺乏时间和金钱，苏联设计师决定跳过一级火箭的地面全尺寸试车。这项决定被证明是致命的，因为火箭在四次试飞中均未成功过。

上面级包括月球轨道转移助推段、刹车进入月球轨道用上面级、月球轨道器和月球着陆器。与美国阿波罗飞船搭载三人不同，苏联飞船将搭载两名宇航员，一名登月，一名绕月。

米申一直坚守到最后，他在那场比赛中策划了又一项壮举，准备在1968年12月派出第一批宇航员绕月飞行，比NASA计划的在圣诞假期搭载三名宇航员的阿波罗8号绕月任务早几天。探测器6号是一次尝试，就像1965年列昂诺夫的太空行走一样，为的是挫败美国登月任务的计划。如果苏联成功完成了的话，克里姆林宫可能会为太空竞赛提供更多的资金，包括授权进行更多的太空壮举来击败美国人。但是当探测器6号在一次试验中未能安全着陆时，就意味着没有其他选择了，只能推迟探测器号载人飞行任务。在阿波罗8号取得非凡成功后，克里姆林宫认为已没有必要继续执行绕月计划，并于1970年取消了这项计划。

　　然而，苏联登月计划的进展并没好到哪里。在延误多年后，1969年2月，大型N1月球运载火箭第一次试飞也失败了。假如成功了，苏联也许可以借由完成着陆再赢美国一局。然而，由于一级火箭底部起火，所有发动机在发射70秒后熄火，火箭没能入轨。1969年7月，也就是在阿波罗11号登月任务前仅两周，N1火箭在第二次试射中仅上升到650英尺（约198.1米），就在剧烈的发动机爆炸中解体了，发射设施也被摧毁。在美国继续成功登陆月球的同时，1971年6月N1火箭发射还是惨遭失败，这次运载火箭一级发动机在飞行50秒后熄火了。1972年11月的最后一次发射因二级火箭失效而告终，火箭在飞行过程中发生爆炸。

　　1974年5月，克里姆林宫终止了整个计划。当政府官员指示销毁相关设备，以佐证苏联不停否认曾打算参与登月竞赛的说法时，米申提出了抗议，却无济于事。虽然俄罗斯博物馆里还留有几件试验件，以及月球轨道器和着陆器的模型，但其他硬件部件却寥寥无几。N1火箭的碎片还在拜科努尔航天发射场展示着，残酷地提醒着人们可能发生过的事。

　　科罗廖夫的竞争对手格鲁什科接任苏联太空计划负责人。米申在N1火箭一败涂地后被革职，成了太空计划中"不存在"的人，在苏联解体和格鲁什科去世之前，他的名字没有在任何关于苏联所做努力的报道中被提及过。米申一直活到2001年，他在苏联解体后的头十年里，忠实地讲述了自己的故事。故事中的部分内容来自同时期一系列引人入胜且具有揭示性的日记——记录了苏联的登月计划是多么的混乱。

关于所有那些与苏联登月计划有关的单项能力，在"奔月"过程中促成美国成功和苏联失败的主要原因涉及三个基本问题：

1. 美国人的任务明确，而苏联人在这方面有所缺失，由此导致在漫长的技术开发过程中，在确定优先事项和分配资源方面存在差异。

2. 美国权力界限明确，有单一的决策机构——NASA；而苏联内部缺乏这种集中度。科罗廖夫通过意志力将早期载人太空探索的所有努力团结在一起，但随着他去世，没有其他人有这种睿智能将其延续下去。

3. 美国的技术能力比苏联更先进。例如，苏联的火箭发动机技术无法建造美国研制的大型发动机。在发射探月火箭的过程中，苏联用了30个发动机来完成5个美国发动机所做的工作。苏联从来没能让他们的发动机很好地协同工作，并到达轨道上。

实际上，前往月球的竞赛在第一次阿波罗任务中飞船到达月球之前就已经结束了。当然，无论是在美国还是在苏联，当时都没有人知道这一点。但回过头来看，客观事实上的确就是这样。

第 7 章

实现目标

从第一次试飞到各种载人登月任务，我们应该如何理解阿波罗计划的巅峰时刻呢？这一成就的实现，其中的每一项单独任务，包括从飞行任务控制中心管控阿波罗任务，以及肯尼迪航天中心的发射操作，都代表了冷战历史上的至高点（图表10）。对飞往月球这件事非凡的一面进行重新审视，我们就能深入理解太空竞赛。回顾五十年前，出现了一个关于太空飞行历史的核心问题：如果我们能在1969年把人送上月球，为什么不能在21世纪初把人送上月球呢？仔细研究苏联和世界其他国家对美国的成功作何反应，为重新考虑整个事件打开了一扇大门。太空竞赛激发了改变美苏之间竞争关系的愿望，关系的缓和为两国提供了合作的途径，并带来了1975年阿波罗-联盟测试项目（ASTP）的巨大成功；苏联任务指挥官阿列克谢·列昂诺夫就是1965年第一位实现太空行走的人。

图表10　阿波罗7号至13号[①]

任务名称	发射日期	飞行成员	飞行时长（天:小时:分钟）	亮点
阿波罗7号	1968/10/11	沃尔特·斯西拉、唐·艾斯尔、沃尔特·坎宁安	10:20:9	首次美国三人飞行任务
阿波罗8号	1968/12/21	弗兰克·博尔曼、詹姆斯·洛弗尔、威廉·安德斯	6:3:1	首次载人绕月飞行；首次载人离开地球影响范围；迄今载人飞行达到的最高速度
阿波罗9号	1969/3/3	詹姆斯·麦克迪维特、戴维·斯科特、罗素·施韦卡特	10:1:1	在地球轨道成功模拟登月舱着陆，从月面起飞、与指令舱重新会合等操作
阿波罗10号	1969/5/18	托马斯·斯塔福德、约翰·扬、尤金·塞尔南	8:0:3	成功验证全套系统，包括登月舱到达了距月球表面不到9英里（约14.48千米）的高度
阿波罗11号	1969/7/16	尼尔·阿姆斯特朗、迈克尔·科林斯、巴兹·奥尔德林	8:3:9	首次载人月球着陆
阿波罗12号	1969/11/14	查尔斯·康拉德、理查德·戈登、艾伦·比恩	10:4:36	第二次载人月球着陆；勘察月球表面，回收1967年4月19日在风暴洋着陆的勘测者3号飞船的部分设备；验证了精确着陆
阿波罗13号	1970/4/11	詹姆斯·洛弗尔、弗雷德里克·海斯、约翰·斯威格特	5:22:54	当服务舱内事故导致飞船受损后，放弃了着陆任务；飞行成员成功返回了地球

① 资料来源：NASA, Aeronautics and Space Report of the President, 1974 Activities（Washington, D.C.: NASA, 1975），appendix C, 137-139。

阿波罗计划–土星5号硬件测试

1967年1月的阿波罗火灾事故造成了三名宇航员死亡之后，许多人对NASA的能力产生了怀疑，但这一疑虑在1968年似乎有所减弱。随后，在1969年和1972年两次登月任务成功之后，疑虑几乎一扫而光。这种变化始于1967年10月阿波罗7号的测试飞行。尽管后续更加雄心勃勃的飞行任务让阿波罗7号任务黯然失色，但它不仅为NASA和太空计划工作者树立了极大的信心，也为广大公众树立了极大的信心。作为一次地球轨道试航飞行，阿波罗7号任务证明了阿波罗飞船的太空价值，但其作用远不止这些，它重新唤醒了人们的信念，让人们相信登月是可以实现的，并且NASA能够完成这项任务。

从1968年10月下旬美国各大日报的政治主题漫画就可以看出，阿波罗7号不断受到称颂。其中一幅画着满面笑容的山姆大叔，穿着希腊式托加①斜倚在云层上，月亮就在画面的背景中。他手举一堆阿波罗–土星飞行器，动作像是在投掷标枪一样，脖子上戴着一枚引人注目的金牌，上面写着"月球奥运会金牌"。另一幅漫画展示了一座正在从地球往月球修建的吊桥，桥面上写着"阿波罗7号的成功"，这幅的标题是"即将竣工剪彩"。第三幅漫画名为"又一个赢家"，画的是写着"阿波罗7号"的骰子从标有"太空风险"的摇杯中冒出来。最后，《基督教科学箴言报》（*Christian Science Monitor*）上画着阿波罗7号在一轮满月的映衬下溅落于大洋中，标题是"溅落在上升之路"。

---

① 古罗马男子所穿的宽松大袍。——译者注

虽然阿波罗7号任务意义重大，但对登月舱的测试才是最重要的挑战。在克服了登月舱的预算和进度问题后，NASA于1968年1月在一次土星5号试验发射中将第一个登月舱送入了轨道，并由此判断它已准备好投入使用。之后，登月舱在前两次有人驾驶测试飞行中都展示出了它的能力。1969年3月3日至13日，阿波罗9号任务期间，飞行成员在地球轨道上对登月舱进行了测试；1969年5月18日至26日，在阿波罗10号上，登月舱在月球轨道上表现良好，在距离月球表面60.9海里至8.5海里①的高度飞行。有了这几次成功，阿波罗计划的着陆阶段就到了。

阿波罗8号：第一次绕月之旅

阿波罗8号最初是阿波罗系统在地球轨道上的另一次测试飞行，但它后来变成了阿波罗计划中，除阿波罗11号登月任务外，最重要的飞行任务。它"乘坐"土星5号运载火箭，从肯尼迪航天中心起飞，搭载着三名宇航员——弗兰克·博尔曼（Frank Borman）、詹姆斯·洛弗尔（James A. Lovell, Jr.）和威廉·安德斯（William A. Anders），去执行历史性的绕月飞行任务。吉尔鲁思的高级工程师乔治·洛（George M. Low）接替谢伊担任阿波罗飞船项目经理后，建议将阿波罗8号调整为绕月飞行任务。他意识到，其他硬件设备，特别是登月舱，还没有准备好进行测试，而苏联似乎正专注于其1968年秋季的探测器号绕月飞行上。洛说服了NASA总部的阿波罗计

---

① 在登月舱飞行的椭圆形轨道，远月点离月面60.9海里，近月点离月面8.5海里。1海里相当于1.852千米。——译者注

划经理菲利普斯支持这项方案，他们两人获得了批准，让阿波罗8号进行绕月飞行。

这样做的好处可能很重要，不论是在获取的科学技术知识上，还是在公开展示美国可以取得的成就上。在此之前，阿波罗计划一直都只是一纸承诺，但现在该交出成果的阶段就要开始了。1968年夏天，洛对菲利普斯谈到了这个想法，菲利普斯又把这个想法带给了管理层。经过11月份的审查，NASA重新将飞行任务设定为月球之旅。

1968年12月21日，阿波罗8号发射升空，在绕地球运行一圈半后，第三级开始点火，将飞船送入月球轨道。当它向外行进时，飞行成员将一台便携式电视摄像机对准了地球，人类第一次从远处看到了自己的家园，一个小小的、可爱的、脆弱的蓝色"大理石"悬挂在黑暗的太空中。当飞船于平安夜接近月球时，地球的这一形象得到了更加有力的强化。第二天，乘组点燃助推火箭进入回程飞行，12月27日溅落在太平洋中。

这趟首次绕月飞行可能会因两项最值得关注的结果而被记住。首先，派土星5号在它首次飞行中进行载人绕月飞行，是NASA历史上最勇敢的决定之一。1967年1月阿波罗1号致命的舱内火灾之后，NASA就落后于在那个十年末登陆月球的计划进度了。为了赶上来，NASA领导层炮制了一个颇为大胆的计划——将阿波罗8号调整为月球飞越任务，以此重新获得契机。优点是显而易见的，NASA获得了进行着陆所需的知识，这次飞行向全世界展示了美国卓越的技术。

其次，在阿波罗8号任务期间，安德斯在月球轨道上拍摄了二十世纪最为重要的照片之一，后来称其为《地出》（*Earthrise*）。在这张水平拍摄的照片中，前景是灰暗、毫无生气的月球，后方的地球则充满了色彩，悬挂在太空的黑暗之中。在长达一代人以上的时间里，《地出》标志着一种新兴的环境意识。宇航员们直到很久之后才意识到他们的照片所带来的影响，诗人和专家、环境保护者和掌权者也都对其赞不绝口。从本质上讲，《地出》成了远距离拍摄地球的最佳探测照片。自1968年12月首次进入公众视野以来，它被应用在各种场合和场所。

　　阿波罗8号是一项意义重大的成就，它的成功正值美国社会处于

这张《地出》是阿波罗计划中最具有影响力和标志性的照片之一，拍摄于1968年12月阿波罗8号飞行任务期间。当他们完成第一圈绕月飞行，从月球背面绕回来时，这幅地球正在升起的景象就呈现在了阿波罗8号宇航员面前。作为这颗行星脆弱的象征，它将前景中灰暗、毫无生机的月球与蓝白相间、充满生命、悬挂在黑暗太空中的地球并列在了一起

危机之时。毫无疑问，1968年是美国历史上最动荡的年份之一。那年的动荡始于1月23日，朝鲜扣押美国的普韦布洛号（*Pueblo*）情报搜集船，之后开始了长达11个月的危机。一周后，越南爆发了越历春节攻势，北越部队和越南南方人民武装力量进攻了西贡和其他一百多个城市。4月，一位白人至上主义者暗杀了马丁·路德·金（Martin Luther King, Jr.），导致十多个大城市发生骚乱。6月，总统候选人罗伯特·肯尼迪在加州民主党初选中获胜后，死于枪手的子弹下。夏季在芝加哥举行的民主党全国代表大会在暴力冲突中结束。10月，两名非裔美国人夺得奥运奖牌，他们举起拳头，对身边的不公正现象进行了无声的抗议，这进一步证明了当时的困境。有相当大一部分美国民众认为：11月，理查德·尼克松当选总统，往好的方面说，它暗示了国家的麻木，往坏的方面说是选择了遗忘。群情激愤，尽管人们的解读各不相同，但大家一致认为，美国似乎正在垮掉。

1968年底，阿波罗8号的成功对许多美国人来说就是雪中送炭。博尔曼经常讲述那个故事，他在任务结束后收到了一封电报，上面写着："谢谢你，阿波罗8号，你拯救了1968年。"

阿波罗11号：重头戏

然后就到大事件了。宇航员尼尔·阿姆斯特朗、巴兹·奥尔德林和迈克尔·科林斯（Michael Collins）为了他们的任务，做了充分的准备和演练。NASA的科学家们找到了一个合适的着陆点——地质上有趣的且开阔平坦的平原。工程师们针对这项为期一周的飞行任务，对乘组成员进行了各方面的训练。他们在一个称为"中性浮力仿真器"的深水游泳池里练习太空行走，反复穿脱宇航服，并进行了进出太空舱和登月舱的训练。除此之外，阿姆斯特朗还在休斯敦使用模拟器——月球着陆研究飞行器进行训练，练习在月球的低重力①条件下驾驶登月舱着陆。

　　1969年7月16日，阿波罗11号从肯尼迪航天中心顺利发射升空，并开始了为期三天的奔月之旅。7月20日，载有阿姆斯特朗和奥尔德林的鹰号（*Eagle*）登月舱从指令/服务舱分离，开始朝着月球表面降落，但着陆很困难。当登月舱接近月面时，阿姆斯特朗意识到自动着陆系统准备将他们降落到一片巨石场中，于是他开始手动控制，寻找另一个着陆点。随着下降速度减缓，登月舱消耗的燃料越来越多，触发了飞船低燃料量警报，奥尔德林报告了高度和燃料状况。飞行任务控制中心的气氛愈加紧张，在燃料仅够维持11秒时，阿姆斯特朗终于将鹰号降落在了月球表面，并通报说："接触灯亮。休斯敦，这里是静海基地。鹰号已着陆。"飞行任务控制中心负责与任务成员沟通的宇航员查尔斯·杜克（Charles Duke）慌乱地回答道："收到，静海，我们收到你落地了。你让一群人脸都憋红了，我们又可以呼吸了。谢天谢地！"

　　着陆后，乘组成员按照计划要睡上五个小时，但阿姆斯特朗和奥尔德林决定跳过这一步，他们太兴奋了，根本睡不着觉。做完最后的检查，两人穿上了宇航服。阿姆斯特朗离开鹰号踏上月球，并告诉地球上的数十亿人："这是个人的一小步，却是人类的一大

———————————
① 大概是地球上的六分之一。

步。"[①]奥尔德林很快就跟了上来，虽然他并不是第一个登上月球的人，但在登上月球表面时，他停下来方便了一下，为自己争取到了一项与众不同的"第一"。接下来，这两个人穿着笨重的宇航服，在月球重力条件下，笨拙地在着陆点周围移动，收集了土壤和岩石样本，进行了科学实验，并插上了一面美国国旗。插旗子的仪式化动作，让人想起了从十六世纪到十九世纪，欧洲人在世界其他地方做过同样的事。值得注意的是，这不是在宣称月球是美国的，而是宣告宇航员们"是为了全人类的和平而来"。这句话并非偶然，它所包含的意义也并没有被世人遗忘。第二天，在返回地球前，乘组发射了登月舱，与头顶上方轨道上飞行的阿波罗指令/服务舱会合。

有些人曾担心飞行成员有可能会被困在月球上。在飞行开始前不久，宇航员安德斯联系了白宫，提醒他们应该做好准备，以防发生事故。尼克松的演讲稿撰稿人威廉·萨菲尔（William Safire）也为此准备了一份富有感情的演讲稿，以备不时之需。尼克松将会宣布："家人和朋友会怀念他们；国家会怀念他们；全世界的人民会怀念他们；敢于把她的两个儿子送入未知世界的地球母亲会怀念他们。"结束语是："其他人会跟上来，一定会找到回家的路，人类的探索不会被否定。但这些人是先行者，他们永远是我们心中的最重要的人。"阿波罗11号任务之后，萨菲尔把演讲稿归了档，把他的文件转送到了国家档案馆，然后就忘了这件事。2009年，研究人员重新发现了它，这提醒着所有人，太空探索的风险有多大。幸运的是，这次"演讲"并没有派上用场。

---

① 阿姆斯特朗后来在提到"个人的一小步"（one small step for man）时，为使从月球表面传回的第一句话意思更加明确，在"for"后加了"a"。

　　1969年夏天，阿波罗11号还一度将因政治、社会、种族和经济方面的紧张局势而割裂的美国短暂地团结了起来。几乎每个年龄足够大的人都清晰地记得阿波罗11号登上月球时他们身在何处。一

这张奥尔德林站在国旗旁的照片是阿波罗11号登月的标志性图像。1969年7月，该图像发布之后，立即传遍全球，从那时起一直被应用于各处，包括MTV公司早期的标识。这张图像中的国旗正是"美国例外论"的有力象征。它也常被否认登月的人用作证据，说登月是在地球上拍摄的。因为那面旗帜像是在微风中飘扬，而我们都清楚月球上没有微风。实际上，宇航员在插国旗时来回转动旗杆，使其更牢固地插入月壤中，旗子就成了波浪形，当然不需要微风啊

名来自波多黎各圣胡安的7岁男孩在谈到第一次登月时说："我不停地在电视和阳台之间跑来跑去，我望着月亮，看能不能看到他们。"他回忆说，作为一名美国公民，自己从未像1969年夏天那样自豪过。

马丁·路德·金的接班人拉尔夫·阿伯内西（Ralph Abernathy）牧师，是南方基督教领袖会议（Southern Christian Leadership Conference）的负责人，他领导了针对阿波罗11号发射的抗议活动，呼吁人们关注美国穷人的困境。倒计时进行时，抗议者举行了通宵的守夜活动，带着一辆两匹骡子拉着的马车上街游行，以此提醒人们，当国家在阿波罗计划上耗费巨资的同时，贫困却摧毁了许多美国人的生活。正如霍齐亚·威廉斯（Hosea Williams）当时所说的："我们不反对（向）月球发射（火箭），我们的目的是抗议美国在选择人类优先事项上的无能。"

从这场抗议活动中能清楚地看到，高科技挑战和美国社会中更为平凡却一直存在的问题交织在了一起。阿伯内西要求与NASA的领导人见面，于是NASA局长托马斯·佩因（Thomas O. Paine）在发射前会见了阿伯内西。佩因记录下了这一事件：

　　　　我们都没穿外套，站在阴云密布的天空下，远处的雷声隆隆作响，时不时降下蒙蒙细雨。在进行了大量的吟诵、演讲和列队之后，一群人唱着"我们终将胜利"缓缓地向我们走来。走在前面的是几匹骡子，牵着它们的是阿伯内西牧师、威廉斯和南方基督教领袖会议的其他主要领导。这些领头人走到我们跟前停了下来，面朝着NASA新闻发言人——朱利安·希尔

（Julian Scheer）和我，而其余的人则走来走去，围着我们……

"五分之一的人口缺乏足够的食物、衣服、住所和医疗服务，"阿伯内西牧师说，"用于太空计划的钱，应该花在饥者有其食，裸者有其衣，病者有其医，无家者有其屋上。"

阿伯内西说，他对NASA有三项要求：允许他的团体中的十个家庭观看这次发射；NASA支持"消除国家贫困、饥饿和其他社会问题"的运动；以及NASA的技术人员将致力于解决饥饿问题。

作为回应，佩因邀请阿伯内西和一整车他的支持者，同其他政要一起在贵宾席现场观看阿波罗11号的发射。他告诉阿伯内西，NASA的科学和技术知识很难用于解决社会问题，并对阿伯内西说："我说过，如果我们明天不按下按钮把人送上月球，就能解决美国的贫困问题，那我们就不会去按那个按钮了。"佩因在记录中补充：

> 我说，与他和他的人所关心的极其困难的人类问题相比，NASA的巨大技术进步就是小孩子的把戏。不过，他应该把太空计划看作一项鼓舞人心的例证，就是当美国人民有远见、有领导力，以及有足够的人才和资金来战胜困难时，能够取得怎样的成就。我希望他能把他的骡车与我们的火箭绑在一起，把太空计划作为对国家的鞭策，激励国家大刀阔斧地解决其他领域的问题，并将NASA的太空成就作为衡量其他领域进展情况的标准。虽然我不能保证早日取得成果，但我一定会尽我所能，帮着他为全体美国人争取更好的生活条件。他提出的科学和工程

技术要助力于这项任务的要求是合理的，从长远来看，确实会有所帮助。

阿伯内西已经安排好在当天晚些时候与抗议者们进行祈祷会，于是佩因就接着邀请他们"为我们宇航员的安全祈祷"。据佩因回忆："阿伯内西激动地回应说他们一定会为宇航员的安全和成功祈祷，作为美国人，他们与其他国人一样为我们的太空成就感到自豪。"

佩因意识到，只是把资源从NASA挪到其他计划上解决不了美国的社会问题，他也认同社会问题要复杂得多，无法用实现阿波罗计划所采用的手段、知识和资源来解决。虽然能将NASA二十世纪六十年代的经验运用在其他领域这点还是很吸引人，但事实并非如此。

阿波罗11号在全球范围内激起了一种欣喜若狂的反应，每个人都分享着这次任务的成功。彩带游行、演讲邀约、公关活动，以及宇航员的环球之旅，在美国国内和国外都营造了友善的氛围。这已经远不止是一项美国的成就了，而是一次"人类的胜利"，几乎所有报纸的头版都洋溢着这种情绪。NASA估计，基于近乎全球范围的广播和电视报道，地球上超过一半的人都在关注阿波罗11号。

阿波罗计划的目标之一就是要证明美国的技术实力，从而为西方冷战集团带来更多盟友，它成功实现了这一目标。尽管苏联试图干扰"美国之音"的广播，但大多数生活在苏联等社会主义阵营国家的人还是认真地关注了这次冒险行动。警方报告称，在月球行走期间，许多城市的街道静得瘆人，因为居民们都在家里、酒吧和其他公共场所观看电视报道。美国驻摩洛哥大使亨利·塔斯卡（Henry Tasca）回忆说阿波罗11号是一次"一致性的体验"，上自国王，下至街头乞丐，所有人都被它吸引了。毫无疑问，正如他评论所说："随着登月，美国的全方位国际地位都被深刻地……不可逆转地改变了。"

正当民间祝贺纷纷涌向NASA和宇航员时，美国总统也收到了来自其他国家元首的官方祝贺，所有与美国保持外交关系的国家都对此次任务的成功致以了最良好的祝愿。但当时中国还没有与美国建立外交关系，所以并没有就阿波罗11号飞行任务向美国表示祝贺。现在，中国正向着实现登月而努力并充分认可了阿波罗计划的成就。

月球漫步后的第二天，宇航员们通过发射回到了头顶上方正绕着轨道飞行的阿波罗太空舱，开始返回地球，并于7月24日溅落在太平洋。这次飞行重新点燃了二十世纪六十年代初约翰·格伦和水星号宇航员们所感受到的那种兴奋之情。在会见飞行成员时，尼克松总统告诉全世界的电视观众和电台听众："阿波罗11号的飞行是地球诞生以来，历史上最重要的一周。"这只不过是政治上的夸大其词，但登月的成功仍然引起了全世界的注意。正如美国传奇记者沃尔特·克朗凯特（Walter Cronkite）在2003年评论的那样，见证了阿波罗登月的人是"幸运的一代"，他们参与了人类"首次打破地球束缚，冒险进入太空的重大事件。对于我们的后代，那些栖息在其他行星或遥远的太空城市中的人，他们会回顾我们的功绩、惊叹我们的勇气和胆量、感激我们的成就，正是这些成就造就了他们所生活的未来"。

阿波罗12号：精确着陆

阿波罗12号以不同于首次登月的方式进入了公众的视野。与阿波罗11号相比，它在性能上有了令人兴奋的重大进步，但摄像机却在月球表面失灵了，所以没有在电视上播放。1969年11月14日至24日的第二次登月使得美国与苏联之间的太空竞赛再次公开化。阿波罗11号的成功有可能只是个侥幸，但这次任务要求精确着陆在自主控制的勘测者3号探测器附近，而且这艘探测器在1967年就已降落到了月球表面。如果美国人能做到这一点，那么苏联负责太空探索的官员就会明白，苏联在登月竞赛中已经没有什么可比的了。下降过程是自动进行的，指令长查尔斯·康拉德和艾伦·比恩只做了几次手动修正。在风暴洋东南部进行的着陆，使无畏号（*Intrepid*）登月舱降落在距勘测者3号600英尺（约182.9米）的范围之内。

康拉德登上月球时所说的话，即使不像尼尔·阿姆斯特朗的"一大步"那么令人难忘，却也更加自然。"哇！"他说，"伙计，这对尼尔来说可能是一小步，但对我来说却足够远的。"康拉德和比恩将勘测者3号的某些部件带回地球进行分析，并进行了两次月球行走，每次都恰好不到4小时。

他们收集了岩石，并安放了测量月震活动、太阳风通量和磁场的实验设备。与此同时，在月球轨道上搭乘着洋基快艇号（*Yankee Clipper*）的理查德·戈登（Richard Gordon）拍摄了月球表面的多光谱图像。乘组在月球轨道上还多停留了一天，拍摄了照片。康拉德和比恩在轨与戈登会合后，登月舱上升段被抛向月球，留在月球表面的地震仪记录下了这次震动，实现了对月震活动的测量。这项实验和其他性质类似的实验，使地球上的科学家能够分析构成月球的物质，测量密度，从而有助于回答关于月球的一个核心问题：月球是如何形成的？人们耗费了十多年的时间才形成了一致意见，即月球是在太阳系形成后不久，地球与另一颗行星碰撞所产生的。月震活动的监测在这一科学发现中起到了至关重要的作用。

阿波罗12号最不寻常的地方之一，就是它带回的勘测者3号上的摄像机。这台摄像机于1967年4月20日到了月球，在1969年12月阿波罗12号宇航员将它取回之前，已经待在那里，暴露在月球表面31个月了。当然，人类暴露于太空真空环境中存活时间超不过几秒钟，然而地球上的某些极端微生物并不是这样的。阿波罗12号飞行任务之后，科学家们在检查勘测者3号的摄像机时，发现了微流星体轰击的证据，同时也发现了地球上的细菌——轻型链球菌，显然它们已经在真空的太空中存活超过两年半了。

这些细菌只来自飞船各部分的三十三个样本中的一个，那么问题来了：它们是在阿波罗12号到访前就存在呢，还是从月球返回后的意外污染导致的呢？没有人知道答案，但有来自其他太空项目的确凿证据表明，某些微生物可以在太空中进入休眠状态，一旦环境适宜，就会再活过来。阿波罗12号任务首次显示出了这种迹象，而且有可能还真就是这种情况。无论如何，对这一发现的低调反应都令不是科学家的康拉德感到惊讶。他在1991年回忆道："我一直认为，我们在该死的月球上发现的最重要的东西，就是那些回来后又活过来的小细菌，但竟然从来没人提过这件事！"

阿波罗13号：虽败犹荣

尽管其他登月任务也取得了成功，但只有1970年4月11日发射的阿波罗13号吸引了与先前相近的关注。它本将是第三次登陆，宇航员詹姆斯·洛弗尔、弗雷德里克·海斯（Frederick W. Haise, Jr.）和约翰·斯威格特（John L. Swigert, Jr.）为了取得重要的科学发现，积极地进行练习。阿波罗11号和阿波罗12号在很大程度上就是为了安全地到达月球表面，并收集月球样本，没有过多地强调地质问题。洛弗尔甚至用"*Ex Luna，Scientia*"①的座右铭来强调这一目的。他们将探索弗拉·毛罗高地（Fra Mauro Highlands）——一片被认为是由撞击坑溅射物形成的山地。

阿波罗13号从未到达弗拉·毛罗。在仅仅飞行了56个小时后，阿波罗服务舱中的一个氧气罐就炸裂了，造成供电、电气和生命保障系统多处损坏。NASA的工程师们很快就确定飞船已经不行了，并将独立的未受损的登月舱变成了一艘"救生艇"，为返航提供简陋的生命支持。在1995年上映的电影《阿波罗13号》（*Apollo 13*）中，美国国家航空航天局飞行总监吉恩·克兰兹（Gene Kranz）宣布："只许成功，不许失败。"事实上克兰兹从来没有说过这句话，但他回忆说，真希望自己当时想到了这句话，因为这句话与NASA在危机期间所做的事非常吻合，把船员活着带回家是当时的唯一目标。

为了实现这一目标，乘组成员和地面人员回归他们所接受的

---

① 拉丁文，译为"源于明月，智识"，英文为"From the Moon, Knowledge"。
  ——译者注

训练，在必要时随机应变，有条不紊地解决返回之路上的每一个问题，彰显出了他们的勇气。当NASA忙着将乘组弄回地球时，世界各地的人们都观望着、等待着、期盼着。最终他们死里逃生，在4月17日安全返回了。这次事故与太空飞行史上的任何其他事件相比，都更加坚定了世界各国对美国国家航空航天局能力的信心。人们提及阿波罗13号时，最适合它的就是"虽败犹荣"。

　　然而，正是由于这次失败，像吉尔鲁思这样的NASA领导还是把激进的登月计划撤了下来。阿波罗13号就是月球旅行所涉及风险的一堂实物教学课。吉尔鲁思认识到，宇航员在这项努力中失去生命只是一个时间问题。"有些人还想继续飞那些东西，你知道吗，这种人还很多，"吉尔鲁思1987年说，"我当时说，'别找我，你们再找个人吧……如果还要继续的话，我就不留在这儿了'。"实际上，吉尔鲁思在太空探索方面一直很谨慎。1975年，他回忆道："在这行里，你不需要承担任何根本不必承担的风险。"现在，NASA已经实现了肯尼迪的目标——在十年内将美国人送上月球，证明了美国在太空领域中的杰出才能。吉尔鲁思主张终止阿波罗登月计划，而且并不是只有他一人执此观点。于是，在1970—1972年进行了一系列更加广泛的科学任务之后，该项目终止了。

阿波罗14号至17号：科学收获

　　从阿波罗13号的失败中恢复过来后，NASA又进行了四次登月任务（图表11）。阿波罗14号至17号收获了有关月球起源和演化过程的科学知识成果，从阿波罗15号开始，最后三次任务还使用了月球

图表11　阿波罗14号至17号[1]

任务名称	发射日期	飞行成员	飞行时长（天:小时:分）	亮点
阿波罗14号	1971/1/31	艾伦·谢泼德斯图尔特·鲁萨埃德加·米切尔	9:0:2	第三次载人登月；任务验证了定点着陆能力，并使用了拖车进行探索
阿波罗15号	1971/7/26	戴维·斯科特艾尔弗雷德·沃登詹姆斯·欧文	12:7:7:12	第四次载人登月，也是阿波罗计划首次"J系列"任务，携带了月球车；沃登在轨飞行时进行了38分12秒舱外活动，是在返程中完成的
阿波罗16号	1972/4/16	约翰·扬查尔斯·杜克托马斯·马丁利	11:1:51	第五次载人登月，第二次使用月球车
阿波罗17号	1972/12/7	尤金·塞尔南哈里森·施米特罗纳德·埃文斯	12:13:52	第六次，也是最后一次阿波罗载人登月，同样使用了月球车

① 资料来源：NASA, *Aeronautics and Space Report of the President, 1974 Activities* （Washington, D.C.: NASA, 1975）, appendix C, 137-139。

车，比以往走得更远，停留的时间更长。这意味着与宇航员步行前往相比，像山丘和月面沟纹（月球上类似沟渠的又长又窄的洼地）这些最令人感兴趣的月面特征地貌更容易到达了。

科学家们充分利用了阿波罗任务不断提升的技术能力，要求宇航员前往距离着陆点更远些的地方，并在各次任务中让宇航员在月面上进行了50多个实验，还将宇航员训练得比地质爱好者还要厉害。其中最重要的一个方面就是开发了阿波罗月面实验装置——一套由宇航员放置在月球表面的仪器，用来测量土壤力学、流星体、月震活动、热流、地月距离、磁场和太阳风等。这些安放在月球上的科学实验装置所进行的实验项目产出了上万篇科学论文，并为重新解释月球起源和演化提供了帮助。

科学界与阿波罗计划的宇航员合作，为他们在月球上的野外地质工作做准备。不过，NASA的科学家们一直不满意宇航员中很少有接受过专业训练的地质学家，其中唯一进行过月球行走的地质学家是哈佛大学的理学博士哈里森·施米特（Harrison H. Schmitt）。就算是这样，他们仍努力确保宇航员具备在月面工作所必需的知识，并且取得的成功达到了令人惊叹的地步。从1964年开始，包括各种飞行任务期间，宇航员进行了课堂学习和不同环境下的实地工作，为在月球表面上做准备。他们接受的培训基本上与地质学硕士学位的正规教育相当。

执行阿波罗15号任务的戴维·斯科特，是接受训练的宇航员中一个代表性人物。他满腔热情地接受任务训练，一登上月球就集中精力开展科学工作，正像他所回忆的："我在月球上的大部分想法都与地质相关。那次飞行任务在科学工作方面特别繁重，要试图了解当地和亚平宁山脉（Apennines）的地质情况，还要了解该地质的形成原因。"

斯科特和他的队友詹姆斯·欧文（James B. Irwin）在月面发现的"起源石"成分为斜长岩，有40多亿年的历史，形成于太阳系早期，可以作为了解月球、地球和太阳系起源的一个窗口。

在登陆月球的六次任务中，宇航员们带回了将近900磅（约408千克）的月球样本。成功登月以来，全世界已有60多个研究性实验室对阿波罗月球样本进行了研究，许多分析技术，包括一些1969年至1972年阿波罗任务期间还不存在的技术，都被后来的科学家们运用上了。

那又怎么样

回首往事，我们不得不钦佩二十世纪六十年代的人们为登月所做的种种努力，并陶醉于人类成功实现这一惊人的成就。1999年春季，由美国主要新闻机构发起的意见领袖民意调查，评选出了二十世纪最重大的100项新闻事件，登月以微小的差距排在第二次世界大战期间的原子弹爆炸之后，屈居第二。一些调查对象发现很难在各种事件间做出抉择。美国有线电视新闻网（CNN）节目主持人、资深记者朱迪·伍德拉夫（Judy Woodruff）在谈到此事时说："太折磨人了。"历史学家阿瑟·施莱辛格对众多意见领袖的立场进行了总结，他评论道："从现在起，500年后，本世纪会因一件事而被铭记，那就是在这个世纪我们开启了太空探索。"施莱辛格表示，他期待着一个充满希望的未来，正是这点促使他将登月排在第一。

"我把DNA、青霉素、计算机和微芯片排进了前十位，因为它们改变了文明的进程。战争消失了，珍珠港事件将变得与玫瑰战争一样遥远。"施莱辛格说道，并提到了十五世纪的英国内战。他又补充说："这个排名本质上就是人为决定的，很难断定原子弹就比登月更重要。"

不过，太空竞赛在很大程度上就是一场壮观的太空盛宴，而且对于向地球之外扩张的公共项目的热情也不会重现。在这种情况下，阿波罗计划更像是美国人早前在那些已退至幕后的原因之下而做的事。许多人都将执行太空任务的宇航员视为与十五世纪航海家克里斯托弗·哥伦布等坚持探索、迁徙的先锋相类似的探险者，但对他们成就的重视却似乎在逐年减弱。不过早期的载人探索壮举还是很吸引人的，只是它激动人心的根源在于对月球和行星相对缺乏了解，而且那时殖民的观点也已经过时了。

回想起来，阿波罗计划的成功，加深了人们对太空竞赛和当时美国民众对其支持程度的误解。虽然有理由相信，阿波罗计划在某种崇高的层面上极其重要，但因此假定公众乐于接受它，最多不过是一个简单化且差强人意的结论。事实上，公众对太空计划拨款的支持度一直保持得非常稳定。例如，1965年夏天，三分之一的美国公民赞成削减太空计划预算，只有16%的人想要增加预算；在接下来的三年半时间里，赞成削减开支的人上升到了40%，而那些希望增加开支的则下降至14%。

1965年10月，一项哈里斯民意调查结果发现，有其他几项公共问题几乎与太空事业一样受到公众的高度重视（图表12）。在二十世纪六十年代的民意调查中，太空飞行几乎一直被排在联邦预算削

图表12 太空探索相对于其他项目费用的公开评估民调问题：
如果不得不选择，你认为每年在太空计划上花费40亿美元
比花在其他项目上更重要还是更不重要？[①]

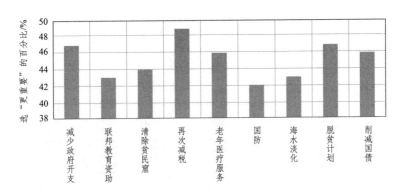

减项目的榜首。大多数美国人似乎更愿意先为空气和水污染、非技术工人的职业培训、国家美化和贫困问题做些什么，然后再把钱花在载人航天上。1965年，《新闻周刊》（*Newsweek*）回应了《泰晤士报》（*Times*）的报道，称："美国的太空计划正在衰落。越南战争和国内社会、穷人问题带来的危机，在将这个'冲破天际'的计划往下拽。相比之下，太空飞行就像是一场不合时宜的举国放纵。"此外，在二十世纪六十年代的大部分时间里，美国公众在回答"政府应该为登月之旅提供经费吗？"这个问题时，态度都不大积极（图表13）。

---

① 资料来源：1965年哈里斯民意调查（Harris Poll）。

图表13　政府应该为月球之旅提供经费吗？[①]

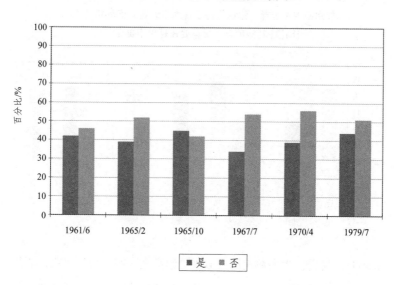

这些统计数据并没有显示出NASA在二十世纪六十年代与苏联比赛登月这件事得到了无条件的支持。相反的是，我们可以从中看出，最初导致公众支持登月决定的政治危机转瞬即逝，公众也从未热衷于载人月球探索，尤其是对与之相关的开支。它曾享有的那种热情，随着时间的推移在逐渐减弱。到1972年12月阿波罗计划结束时，这个计划就像是一名跛行的马拉松运动员，为了在倒下前到达终点而用尽全身每寸肌肉的力量。

① 资料来源于盖洛普、哈里斯、全美广播公司（NBC）/美联社、哥伦比亚广播公司（CBS）/《纽约时报》的民意调查，问题的措辞略有不同。

第 8 章

启示

登月竞赛产生了一系列重要结果。比如说，纯粹是由于机缘巧合，"阿波罗"让人类认识了自己，并在这个过程中改变了我们对自己所在世界的看法。苏联宇航员虽然没能进入近月空间，但他们对太空时代最初几年的价值和以新的视角看待地球，也表达了类似的想法。现代环境运动，在某种程度上就源于人们对地球的全新认知，以及保护地球和它所维系生命的意识。此外，科学虽不是登月竞赛背后的驱动力，但登月竞赛却催生了大量的科学认识。利用自动控制探测器前往月球以及阿波罗登月计划，美国和苏联所做的工作都为这种认识做出了贡献。对于两国来说，大规模技术工作的管理也是这些努力的一项重大成果。

新环境意识

　　每一位宇航员都表达过这种看法：从太空中看地球，不禁会使人的观念发生改变。尤里·加加林在1961年返回地球后说："乘飞船绕地球飞行时，我看到了我们的星球是多么美丽。让我们来保护和增进这种美吧，而不要去破坏它！"第二位宇航员盖尔曼·蒂托夫也对地球之美发表过评论。"很遗憾我只飞了一次，"他评论道，"太空飞行让人上瘾，一旦体验过，你就别无所求。"1962年，约翰·格伦带着第一架手持相机飞入太空，他拍摄的地球照片很快就成了那次飞行任务最令人难忘的部分。再加上"地球是我们脆弱的栖息地，必须加以保护"这种逐渐形成的意识，正如蕾切尔·卡森（Rachel Carson）《寂静的春天》（*Silent Spring*，1962）等书中所阐述的那样，使得二十世纪六十年代全球性现代环境运动的势头越来越猛。

阿波罗8号是这一根本变化的关键因素，因为它为世人提供了第一批从远处拍摄的地球照片。作家阿奇博尔德·麦克利什（Archibald MacLeish）总结了许多人在"阿波罗"那个时代的感受，他写道："看到地球真正的容颜，飘浮在永恒的寂静中，又小又蓝又美丽，就如同在永恒的寒冷中，遥望乘坐地球之船的我们——那明亮地球上的兄弟们，才明白我们是真正的兄弟。"

《地出》影像确实使事情发生了改变，后来阿波罗17号发回的地球图像也起到了同样的作用。早在1966年，美国环境活动家斯图尔特·布兰德（Stewart Brand）就发起了一项运动，要求NASA公布地球在太空中的全景图像。布兰德甚至制作了徽章，上面写着："为什么我们还没看过整个地球的照片？"他在大学校园里售卖徽章，把徽章寄给著名科学家、未来学家和议员们。然而直到1972年的阿波罗17号任务，"整个地球"才成为现实。正如布兰德回忆的那样：

我掀开砾石屋顶上的毯子，环顾四周，看得非常清楚，那真的是个圆，一个精细的、有尽头的、完整的、从高空俯瞰的地球……我就那么坐了一个下午，试着去想象我们怎样才能从太空中拍摄到整个地球，也就是这颗行星的照片。我是NASA的忠实粉丝，也是当时长达十年的太空探索的忠实粉丝。在1966年，我们已经看过很多月球照片和地球大部分区域的照片，但从未见过完整的……有点奇怪的是，十年来，世界上有那么多的摄影器材，我们都没有把相机转180度回头看看。

为了捕捉到具有代表性的影像，阿波罗17号上的宇航员使用了70毫米的哈苏相机，不过没人能确定是谁拍下了这张标志性的照片。许多人认为是哈里森·施米特拍到的，但这点并不确定。阿波罗17号之后，再没有人进行过月球旅行，那也是最后一次机会。斯图尔特·布兰德把这张照片用在1968年首次出版的《全球概览》（*Whole Earth Catalog*）的封面上。这张照片和其他从太空拍摄的令人惊叹的地球照片，都激发了人们重新思考我们在宇宙中所处的位置。对于环境活动家、政治家和科学家，它成了一年一度的地球日庆祝活动中的标志性图像。他们用它来进行实物教学，说明地球是一颗在沉闷、漆黑、死气沉沉的太空中，充满了生命的微小、脆弱、孤独的星球。他们观察到，这颗行星是古老的，能够自我调节，但人类对它是个威胁，现在地球需要人类的保护。宇航员约瑟夫·艾伦（Joseph P. Allen）说得最好："关于前往月球的种种争论，不管是支持的，还是反对的，从没有人建议我们应该去看看地球。然而事实上，这可能就是一个重要的原因。"

精湛技艺

太空竞赛是工程技术方面精湛技艺的典范。对于把成功和失败都摆在大家面前的美国和隐瞒了自己失败的苏联，它都代表着现代性和前瞻性。这个消息清楚地传遍了全球。美国宇航员站上月球，苏联宇航员忙于一系列抢占先机的精彩表现，两国对自身精湛技艺的吹嘘，在美国和苏联的冷战竞争中发挥了不错的作用。毫无疑问，二十世纪六十年代的太空成就，帮助这对冷战对手建立了一种"技能文化"，促使其他国家在更高一层的地缘政治斗争中与他们结盟。它就像是冷战时期苏联和美国之间明争暗斗的外交政策一样，是另一种形式的战争。只是这当中不会有人被杀死，至少不是有意为之。

这种"技能文化"也影响到了美国国家航空航天局和苏联的太空计划。对于NASA来说，它被解读为对美国自身能力的自信，尤其是对政府有效运作以解决问题的能力的信任。回顾阿波罗计划所采用的技术，许多人都惊叹于使登月成为可能的技术能力的复杂程度，以及那些建造了火箭和飞船，将美国人送入太空的人的天赋。埃及裔美国人法鲁克·巴兹（Farouk El-Baz）是一位曾在这项计划中工作过的科学家，他充分表达出了对登月工作的那种惊叹之情："哇，阿波罗计划！那就是一项彻头彻尾独一无二的努力。40年后，当我想起这件事时，我仍然会对那段时期惊叹不已。"

因为二十世纪六十年代用于登月的技术在很大程度上相对缺乏复杂性。许多人都感到惊讶的是，连便携计算器的计算能力都要比阿波罗制导计算机的计算能力强。还有一些人惊讶于，像在太空中写字这么简单的事情，都需要开发一种新型的钢笔，给墨水压力，才能用它在失重环境下写出字。

NASA可以完成任何交代给它的任务，作为一家这样的机构，美国人对其精湛技艺的信心，可以直接追溯到阿波罗计划和该计划的成功上。成功抵达月球使大家建立起了这样一种观念，那就是人们可以提出几乎任何要求，NASA都会不负所望。这在美国文化中仍然颇具感染力。

虽然一路上也遭遇过悲剧，包括几近灾难的阿波罗13号，也包

阿波罗–联盟测试项目的构想图，展示的是1975年7月美国阿波罗飞船和苏联联盟号飞船的首次国际对接。这项飞行任务为太空竞赛画上了圆满的句号

括太空竞赛之后，共造成14名宇航员死亡的挑战者号（*Challenger*）和哥伦比亚号（*Columbia*）事故，但大部分公众仍然相信NASA有能力在它想做的事情上取得成功。登月在美国人心目中奠定了NASA的这一形象，尽管有大大小小广为人知的失败，但NASA的形象却未受玷污。

当然，现在也出现了一种对新近美国社会许多方面莫名衰退的担心。有些人表达了对重拾信心和精湛技艺的渴望，就是这种精湛技艺帮着塑造了二十世纪六十年代，但在那之后开始衰退。法鲁克·巴兹哀叹道："'阿波罗'的创新精神和积极进取的态度并没有持续太久。"他总结道："这就是为什么我认为我们这代人在这一方面辜负了美国人民。我们把阿波罗计划视为一项巨大的挑战和唯一的目标。对我们来说，它就是最后一场比赛。我们知道过去没有发生过类似的事情，而且表现得好像将来也不会再出现与之相匹敌的事。"

登上月球所需要的技术肯定比以往任何尝试都要复杂，项目开始时，大家就确定无疑地认识到了这一点。NASA的工程师们分析认为，首先需要真正强大的火箭，它要有比以前想到的更大的有效载荷能力。作为第二个优先事项，他们认识到，需要建造一艘在至少两周内能够维持脆弱的人类生命的航天器——包含一个类似小型潜水艇的飞行器，可以在太空中运行，以及一件宇航服形式的"航天器"，使宇航员能够在飞行器之外执行任务。第三，需要某种着陆飞船，要能在月球环境中运行，而这种环境与地球上或地球附近都差别很大。最后，还需要开发前往月球所必需的导航、通信、制导与控制技术。

　　无论哪种情况下（这被证实是至关重要的），NASA的规划者们都知道在前往月球的过程中，所面临的技术挑战究竟是什么，因此他们能够为克服这些挑战制定合理且明确的技术发展路线。

　　阿波罗计划是管理上的一个成功典范，它满足了极其困难的系统工程、技术和组织整合的整体需求。对于在二十世纪六十年代成长起来的美国人来说，他们看着NASA的宇航员飞入太空，看着阿波罗计划始于15分钟的亚轨道飞行，终结于六次月球着陆。阿波罗计划以十分公开的方式表明，当美国下定决心时，这个国家可以做到什么。电视上对真实太空冒险的报道漫长而紧张，伴随着很高的风险、极大可能的生命损失，还有极度危险和极度焦虑。

　　事实上，登月计划已经印证了美国面对任何挑战都能做到最好，并常常被用来展现国家的伟大。演员卡罗尔·奥康纳（Carroll O'Connor）扮演的阿奇·邦克是一位固执己见的美国工薪阶层。阿奇的观点在社会上要比许多观察家所承认的普遍得多，他代表了大多数美国人是如何欣然接受阿波罗计划这一成功的。在1971年《全家福》（*All in the Family*）的某一集中，阿奇对一位造访他家的人说他有"一个非常逼真的阿波罗14号徽章的仿制品。这就是美国与众不同的地方……其他的都是失败者"。阿奇·邦克用非常具体的措辞，为许多人概括出了是什么让美国有别于其他国家，那就是太空飞行上的成功。

　　近来，另一种来自流行文化的说法是：这种成就感持久不息，本质上是由阿波罗登月赋予全体国民的。备受好评的情景喜剧《体育之夜》（*Sports Night*），讲述的是一支制作夜间有线电视体育节目团队的故事，在2001年的一集中就引入了对太空探索的生动讨论。由非洲裔美国演员罗伯特·纪尧姆（Robert Guillaume）饰演的体育节目执行制片人艾萨克·贾菲，正在从中风中恢复。尽管他已经从制作夜间节目的日常喧闹中解脱出来，但费利西蒂·赫夫曼（Felicity Huffman）饰演的制片人，却在贾菲正阅读一本关于太空探索的杂志时不停地打断他。贾菲跟她说："他们现在在谈论生物工程和改造火星。可当年我开始报道双子星座任务时，只是看着大力神火箭升空就够瞧的了。"贾菲对NASA能在太空探索中开展任何任务，表达了绝对的信心。"你在太阳系任何地方画个叉，"他说，"NASA的工程师们都能让飞船在那儿着陆。"

每一次阿波罗任务都抓住了美国技术能力的精髓。如果说美国人民有一个特点的话，那就是他们对技术以及技术能帮助他们所成就的事情的热情。历史学家佩里·米勒（Perry Miller）认为，新英格兰的清教徒利用科技力量将一片荒原变成了他们的"山巅之城"。他们"投身于技术的洪流中"，米勒写道，"他们就是那样在洪流中快乐地高喊着、相互呼唤着，一头扎进他们命运的陡坡里。"从那时起，美国就以技术系统建造者而闻名，他们利用这一能力可以创造奇迹，制作出超级棒的设备及其运行所需的部件。具有敏锐观察力的外国人可能会向往美国的政治、社会发展、民主和多元化，但他们更迷恋美国技术。倒不是因为它本质上更好（尽管有可能如此），而是因为那代表了人类精神与宇宙的永恒崇高之间的交融。阿波罗计划以如此罕见的方式体现了这一点，其精湛的技艺一直延续至今，长期以来也为强调美国的伟大和"美国例外论"提供了支持，甚至可以在国家面临挫折时用来提供慰藉。在最根本的层面上，登月为NASA作为一个成功组织，以及美国作为世界科技领先者的看法营造了声势。

科学回报

NASA的科学家保罗·洛曼（Paul D. Lowman）在1999年写道：
"从整体上看，阿波罗计划的直接科学成果可以概括为对月球、太阳、地球，以及在轨道航天器和空间站微重力环境中生命系统和无生命系统行为方式的基础性新知识。"这是一种低调的说法。从科学的角度来看，"阿波罗"前所未有地向人们敞开了认识月球的大门。结合月球探险取得的数据，科学家对月球地貌进行了系统性的研究，进一步拓展了对风化层、火山活动、构造作用、撞击和月球表面形成过程的认识。在此背景下，科学家们便开始以一种新的方式来了解月球的起源和早期的太阳系。

执行阿波罗计划这项科学工作，最终涉及了科学界的三项重大努力——着陆点的选择、仪器和实验项目的选择，以及对宇航员进行野外科学工作培训。其中第一项可以说是最重要的。科学家们从1962年开始，就一直在规划每次着陆的调查内容，并通过1965年8月在NASA总部设立的阿波罗选址委员会参与到了这项工作当中。该委员会作为主要媒介，会确定每次登月任务在何处着陆，乃至可以进行什么样的科学观察和实验。这一直是一项争论不休，但又必不可少的活动，它成功地使各方就一系列地质上感兴趣的着陆点达成了共识。

在该计划中引起争议的第二个主要领域就是确定月球表面科学实验。在整个二十世纪六十年代中期，关于实验项目尺寸、重量以及功率需求的争论持续不断，扰乱着任务规划工作。科学家们一致认为，第一次调查应该与地质学（特别是样本收集）、地球化学和地球物理学联系起来。他们也认为，早期登陆的重点应该是尽可能多地带回月球岩石和土壤样本，部署长期的月面仪器，以及对着陆点附近区域进行地质勘探。这些工作还可以在以后用于其他科研项目，包括对整个月球的调查和对赤道带特定地点的详细研究。

正如我们所看到的，最后科学界帮助阿波罗宇航员为月球上的野外地质工作做了准备。尽管宇航员队伍中受过专业训练的地质学家相对罕见——包括唯一的月球漫步者哈里森·施米特，以及如布赖恩·奥利里（Brian O'Leary）一样因厌恶而退出该项目的地理学家，但是科学家们还是尽一切努力指导宇航员们，确保他们到达月球表面时，就已经为完成指定任务做好了准备。他们的成功既属于科学家们，也属于宇航员们。有一些宇航员对这种侧重表示了强烈反对，不过另一些宇航员欣然接受了这些科学任务，从1964年到各次飞行任务期间完成了课堂学习和野外考察。最后，大多数人都承认宇航员们已经受到了足够的正规教育。

阿波罗计划在科学方面回答的一个关键性问题就是月球的起源。在阿波罗计划之前，关于月球的起源有三种主要理论：

1. 分裂说，这种理论认为月球是从地球上分裂出去的；

2. 同源说，这种理论认为月球和地球是同时从太阳星云中形成的；

3. 俘获说，这种理论认为月球是在其他地方形成，后来才被牵引至环地轨道上。

有了阿波罗计划带回的样本，这些理论都失去了支持者。经过10年的分析工作，1984年10月在夏威夷科纳举行的一次月球科学家大会上，出人意料地出现了一种共识——"大撞击说"。大约46亿年前，在一次大规模碰撞中，一个火星大小的天体（被称为"忒伊亚"）的碎片形成了月球。这种理论很好地解释了阿波罗计划期间了解到的关于月球的地质情况。虽然仍有些细节需要搞清楚，但撞击理论现在已被广泛接受。月球科学家渴望重返月球，解答更多有关月球起源的问题。

大多数科学家可能会同意地质学博士兼阿波罗17号宇航员哈里森·施米特的看法，他回忆说："我们因为阿波罗计划了解到，在太空中运行的月球就像一份古老的文本，通过人类的解读才与地球的历史联系了起来；月球也像是太阳的现代档案，它的土壤中记载了很多关乎人类未来幸福的重要信息。"

太空竞赛：自豪与声望

关于太空竞赛的所有讨论的重点，都是在冷战对抗的背景下，太空竞赛提高了美国的国民自豪感和国际声望。"prestige"（声望）一词在载人航天文献中无处不在，却是一个不够严谨的术语，它所掩盖的比它所揭示的可能还要多，表露着可以战胜竞争对手的国家优势。要知道，美国人和苏联人都追求声望。这种优势分许多方面，也有许多受众，既会诱发出"本能"的反应，又需要更加复杂的解释。"声望"受国际政治、官僚政治和国内政治等各种政治因素驱动，但其中任意一项都不足以解释载人航天在美国和苏联文化中的首要地位，因为这些因素错综复杂地交织在了一起。

太空竞赛中，"自豪与声望"很可能有四个方面的属性：

·在国际舞台上的声望——以太空竞赛为手段，来影响尚未结盟国家在"选苏联还是选美国"问题上的态度；

·国家层面上的自豪感——将众多民族、各种优先事项和观点，以及整个国家都团结在一起；

·确立国家认同感——在"美国例外论"的论述中引入重大要素；

·保持进步的观念——将太空竞赛作为国家具有前瞻性的象征。

"声望"的这种应用方式就是分析人士常说的"软实力"的典型用法。"soft power"（软实力）这个词语由哈佛大学教授约瑟夫·奈（Joseph S. Nye）创造，该术语定义了国际关系中威胁和其他形式"硬实力"的替代方案。正如奈所言：

软实力是通过诱惑和劝说他人接受你的目标，来得到你想要结果的能力。它与用"胡萝卜加大棒"式的经济和军事实力，使别人服从于你的意愿的硬实力不同。硬实力和软实力都很重要。……但诱惑要比胁迫便宜得多，而且是一种需要培养的资产。

像太空竞赛这样的活动，对两个对手来说都代表了一种形式的软实力，即通过无形的手段（例如展示令人印象深刻的技术实力）影响其他国家的能力。它为取得成功的国家赋予了"可靠且庄重"的光环，这在国际社会中是前所未有的。总之，这是一种论点，它为将太空飞行作为用于在世界舞台上提高声望的手段提供了强力支持。

毫无疑问，所有载人太空飞行的努力最初都是为了建立美国或苏联在技术领域的领先地位。于是，太空飞行成了战争的替代品，美国和苏联展开了一场技术精湛的正面较量。渴望为"美国之道"赢得国际支持成为阿波罗计划存在的理由，它在这个目的上发挥的作用，远远超出了最初设想该计划时人们的想象。阿波罗计划从根本上是一项冷战动议，它助力美国在世界面前展示其统治地位。在阿波罗登月的鼎盛时期，世界舆论压倒性地转向支持美国。阿波罗计划作为美国外交政策工具的重要性（不一定等同于国家声望和地缘政治，却紧密相关），不应在这场讨论中被忽视。它曾是，并将继续作为一种工具，对外展现一个积极、开放、充满活力的美国形象。

太空竞赛与进步理念

标志性的太空竞赛，特别是登月，对美国和苏联来说，都服务于非常特定的需求。而且在此后的日子里，它很大程度上都被调动起来用以提升两国的声望。这代表着美苏两国的胜利论、例外论和成功论的主流故事已成为现实。在这个过程中，它就成了人类探索和进步宏伟构想的典范。就此，太空竞赛被誉为是对技术、科学和知识的投资，它将使人类能够做得更多，以成为真正的"太空人"，而不仅仅是把脚趾放在宇宙海洋里浸一浸。

说美国是建立在进步理念之上的，这有些老生常谈。这种"进步"仍然是一个不太明晰的概念，但同时又是国家认同感的核心内容之一。十九世纪三十年代，一名来自法国的敏锐解读者——亚历克西斯·德托克维尔（Alexis de Tocqueville）注意到美国人"对人类的完美有种强烈的信念"，作为一个社会群体，他们认为自己是一个进步的群体，而不是一个衰落的或保持稳定的群体。

如果说有什么欠缺的话，那就是托克维尔低估了这一信念，因为"美国是一个进步中的乌托邦"的观念，早在美国诞生之前就已经渗透到国家意识之中了。从清教徒领袖约翰·温斯罗普（John Winthrop）的"山巅之城"，到托马斯·杰斐逊（Thomas Jefferson）在《独立宣言》（*Declaration of Independence*）中振奋人心的声明，人们必须致力于确保所有人都能拥有他们不可剥夺的生命、自由和追求幸福的权利，再到二十世纪三十年代富兰克林·罗斯福的"新政"（New Deal），以及二十世纪六十年代林登·约翰逊的"伟大社会"（Great Society），"进步"一直是美国社会各方面的一个重要潜台词。

苏联也是如此。1917年的"十月革命"试图创造一个理想的世界。在这个世界里，所有人都尽其所能为全体人民的幸福做贡献，并得到他们所需的回报。尽管在实践中这还没能实现，但向着平和、平等迈进的想法显然已随处可见。

当然，随着时间的推移，这些想法也随着社会规模变大发生了改变，太空探索，特别是登月竞赛彰显出了这些珍贵的构想。正如政治学家泰勒·达克三世（Taylor E. Dark Ⅲ）所言：

> 进步理念通常推动了三种主张：
>
> 1. 不论增长是如何定义的，人类能力的增长没有根本性的限制；
>
> 2. 科学和技术的进步促进了人类道德和政治品格的提升；
>
> 3. 人类社会有一种与生俱来的方向性，根植于社会、心理或生物机制当中，推动文明走向进步。
>
> 美国的进步理念拥护者很快就接受了太空旅行，认为它证实了该理念的原始主张——人类的进步几乎是不可避免的。太空旅行被以这种方式加以理解，促使太空计划的命运与其他技术领域的发展相比，其意义要伟大得多。因为它已经成为人类文明方向性的象征。

像俄国/苏联人康斯坦丁·齐奥尔科夫斯基、美国人罗伯特·戈达德（Robert H. Goddard）、德国人韦纳·冯·布劳恩这些太空倡导者所取得的"进步"，尽管发生在较早前，但在太空竞赛于二十世纪七十年代初画上句号后，太空爱好者们依然相信，他们即将进入一个什么目标都能实现的新黄金时代。对于那些梦想着人类在太空取得巨大进步的人，阿波罗计划唤起了他们的希望。对于那些相信人类最终能够达到这一目的的人，它的非凡与卓越并没有消失。

步入太空，首先是探险性的远征，然后是建立殖民地。这为人类"向外走"，并在一颗未被触及的星球上重新开始提供了一个机会。太空竞赛已经证明这是有可能的。它还显示出航天大国既有能力又有财力实现令人震惊的目标，而这些国家所需要的只是意愿。正如1969年，美国康涅狄格州民主党参议员亚伯拉罕·里比科夫（Abraham Ribicoff）若有所思说出来的那样："如果人类能够造访月球，现在我们知道他们可以，那么在我们还能做到什么这件事上，就没有什么限制了。也许这就是阿波罗11号的真正意义所在。"

我们在太空竞赛的影像中也看到了这一点，其中所呈现出的进步的本质，以及解读太空探索时占很大篇幅的胜利论、例外论和成功论等主流故事，都是毋庸置疑的。从宣传的角度来看，把全人类与这一宏伟事业联系起来，很容易"推销"出去。它会成为二十世纪六十年代以来人类进步中积极一面的核心，有什么可奇怪的吗？

怀旧"阿波罗"

几十年后，凭着观看宇航员漫步月球的兴奋之情，阿波罗计划成了一种极具感染力的怀旧之情的化身。尽管也有挫折，但1961年到1972年期间，"阿波罗"岁月的往事中更多的是胜利，而不是悲剧；更多的是英雄事迹，而不是牺牲；更多的是艰苦努力，而不是战争；当然也比此后多年的太空探索要大胆得多。许多人记忆中的阿波罗计划，是一项充满了戏剧性且激动人心的努力，更重要的是，它是一项获得了成功的政府项目。十二名美国宇航员的的确确登上了月球，并安全返回了地球，而且他们中的第一批人在那个十年结束前完成了登月，正如约翰·肯尼迪所要求的那样。这一切都发生在美国正经历着社会变革，承受着在越南的失败，并实施着

"伟大社会"计划期间。这其中许多事，即便不是失败，此后也被广泛认为是有缺憾的。NASA最终在其总体预算目标的范围内完成了阿波罗计划。所有这一切都促使许多人带着怀旧之情和回到更简单时代的渴望，去反思那一段经历。

对"阿波罗"的怀旧之情是以多种方式表现出来的，我们可以在众多流行节目中，特别是在电影、文学、音乐、戏剧和广告中发现。这其中的每一种方式，都在用三个重要的主题唤起"阿波罗"的过去。第一，"奔月"代表了一种精神上的追求、人性上的净化，以及对宽恕和不朽的寻觅。正因为如此，许多关于阿波罗计划的怀旧都"穿着"宗教的外衣。第二，阿波罗计划代表了人类进化之路上的下一步，并带有达尔文"适者生存"的意味；有些人认为该计划的逐渐停滞至最终停止是一次错失的机会。第三，或许也是最重要的一点，"阿波罗"的怀旧情绪可以追溯到二十世纪六十年代早期，当时秩序井然，一切都各居其位。显然，这种怀旧与其说是现实，不如说是感受。它显示出了对二十世纪六十年代后期，社会动荡之前的一种信念，以及对阿波罗计划诞生于早期时代和环境的庆幸之感。无论是否合适（实际并不像许多人所认为的那么合适），白人男性精英的主导地位，认为美国人能够实现任何决定要做事情的信心，以及天真地强调美国人的价值观和态度曾团结一致过，这些都是怀念逝去岁月的强力催化剂。最重要的一点是，深化这种认识时，该观念体系发挥了很大作用，使人们向往着后现代多元文化背景下业已失去的、令人怀念的高效率。这种对遥远、记忆模糊且不确切的过去的渴望，也许代表了"阿波罗"怀旧之情最令人不安的一面。

　　"阿波罗"作为精神上的追求，在其揭开面纱的过程中就已得到了体现。从一个独特的侧面视角来看，阿波罗计划代表了一种典型的新的"信仰"。在隐喻和绝对主义方面，它唤起了敬畏、奉献、无所不能的情感，其中最重要的是对人类的救赎。它表现为一种新的"神职阶层"——工程师，特别是宇航员；一种"神秘仪式"——任务控制及其他业务活动，而且这些"仪式"都非常神秘，并且具有更高级的目的；一种"虔诚的语言"——从业者和狂热追随者所援引的NASA术语；以及"拯救"的信念——准许人类到达地球以外，并定居宇宙。关于在新的星球上建立一个乌托邦式的"圣地"，再加上对"人类不朽"的向往，这些话题在太空探索界的每个人的心弦上都产生了共鸣。与历史上追随者遇到的情况类似，对于那些接纳这种新"信仰"的人来说，当前的文化是不公正的和令人不安的，他们选择逃避，离开地球可能是逃避的终极形式。作为众多例子中的一个，冯·布劳恩将阿波罗计划视为人类新千年的开端。这些根深蒂固的信念，早在太空时代来临之前，就为太空探索和征服宇宙注入了力量。

　　但当许多"阿波罗"拥护者用明了的宗教术语介绍这项计划时，数不清的人也在用世俗的言语来表达宗教理想。美国小说家雷·布拉德伯里（Ray Bradbury）曾以一种当时流行的怀念与哀叹的味道评论说："我们中太多的人已经对曾经在太空中成就的非凡事情丧失了激情和感动。我们不应撕毁未来，而应再次听从那些使太空旅行成为宗教体验的创造性隐喻。当火箭发射的气流将你撞飞到墙上，所有的铁锈都从你身上抖落时，你会听到宇宙的巨吼，还有那些被眼前所见改变了的人们快乐的呼喊。"布拉德伯里坚信，没有人离开发射现场时会无所改变。就像圣餐一样，发射仪式提供了再次献身于这项努力的机会，象征性地净化了圣餐领受者自己。正如他一再谈论的那样，这种体验既令人兴奋而又神圣。

诺曼·梅勒（Norman Mailer）关于"阿波罗"的评论文章《月亮上的火》（"Of a Fire on the Moon"，1969），雄辩地指出，这些飞行任务实际上就是为了与上帝成为一体："当他们到达那里时，他们不知道该做些什么。事实上，它是技术性的，这就是它的问题所在。它太专注于技术，而人们已经烦死技术了。技术专家们也想知道，在技术彻底毁掉地球之前，他们怎样才能控制技术。在此之际，我们在人类历史上所找寻的，是人类意识的拓展，即对我们可以坚守的精神价值的重新探索，因为它们使得我们人类更深邃。"

同样的精神追求与技术上的进取心交织在一起，出现在了1995年的电影《阿波罗13号》中。1970年，爆炸使那次登月任务陷于瘫痪，NASA险些失去了宇航员詹姆斯·洛弗尔、弗雷德里克·海斯和约翰·斯威格特。那次飞行任务被重塑为NASA最辉煌时刻之一，是一次成功的失败。在飞行了56小时之后，阿波罗服务舱中的一个氧气罐破裂，损坏了多个电力、电气和生命保障系统。一边是世界各地的人们观望着、等待着、期盼着、祈祷着，一边是美国国家航空航天局地面人员和乘组全员努力寻找一种安全返航的方法。那就是一场死里逃生，幸运的是乘组全员于1970年4月17日安全返回了。这场近乎灾难的事故，将NASA富有集体才智的形象固化在了大众心中，并引发了对整项工作合理性的重新评估。虽然必须为NASA飞行团队的毅力、奉献精神以及能把队员安全带回家的坚定信念打高分，但令人奇怪的是，似乎没有人意识到，事故发生时，任务已经失败了，而且是灾难性的失败。阿波罗13号现在已被视为NASA的闪光时刻之一，这一事实很大程度上说明了人类有能力将历史事件改写得合乎道德、意味深长。

从这个并不公允的角度来看，阿波罗13号常被用来批评二十世纪六十年代社会秩序，但同时也被用来赞美早年岁月。1995年，电影上映时，《华盛顿邮报》（*Washington Post*）撰稿人约翰·鲍尔斯（John Powers）评论说，这部电影在无休止地怀旧罗纳德·里根（Ronald Reagan）和帕特·布坎南（Pat Buchanan）所提及的"天堂般的美国"。此外，鲍尔斯还写道："电影的故事情节可以称得上是共和党关于1995年美国的一则寓言——一艘非凡的船失去了动力，走向了灭亡，直到被一群英勇的白人男子拯救。"如果说有什么不足的话，那就是鲍尔斯对阿波罗13号所提到的美国白人的重视还不够。电影只对两位女性有实质性的描述。凯萨琳·昆兰（Kathleen Quinlan）饰演的阿波罗13号指挥官的妻子玛丽莲·洛弗尔（Marilyn Lovell），坚定且自豪地提供着支持，但私下里却担心最坏的情况发生。玛丽·谢尔哈特（Mary Kate Schellhardt）饰演的洛弗尔的女儿，则充当了社会变革中最不重要元素的代言人，她曾一度言语泼辣地抱怨说甲壳虫乐队解散了，自己的世界也因此崩溃了。

阿波罗13号的英雄是飞行任务控制中心的极客①们，虽说飞船上的宇航员们精神饱满、意志坚定，但实质上却是柔弱的被救援的角色。洛弗尔、海斯和斯威格特必须等着获救，这在一定程度上与

---

① 对电脑痴迷的人。——译者注

长发公主没什么两样。他们是积极主动的帮手，却无法独自完成任务。正如历史学家汤姆·克劳奇（Tom D. Crouch）针对影片中对飞行任务控制中心的"螺丝钉"们的刻画所述：

> 这部电影里真正的英雄，要么是秃顶，要么秀着板寸。他们戴着厚厚的眼镜，喜欢皱巴巴的短袖衬衫，一根接一根没完没了地抽着香烟、雪茄或叼着烟斗。尽管如此，这些手拿计算尺的技术狂人却解决了将乘组带回家所面对的所有难题。用电影中一名宇航员的话来说，这些人是"目光坚毅的导弹兵"。

《阿波罗13号》这部电影，向美国历史上一个已经过去很久的时代致以了敬意，但实际上，在1970年执行该任务之时，那个时代可能就已经逝去了。它代表了怀旧背景下的一种阳刚之气。

最近一项为NASA完成的研究得出结论，太空探索在电影中被表现得非常怀旧，而"阿波罗"则助长了这种感觉：

> 作为一个群体，我们倾向于购买的，要么是怀旧太空竞赛时期的作品，如《太空先锋》（*The Right Stuff*）、《阿波罗13号》和《从地球到月球》（*From the Earth to the Moon*）这类，要么是反映《飞侠哥顿》和巴克·罗杰斯（Buck Rogers）时代浪漫想象的科幻片，如《星球大战》（*Star Wars*），而不是《星际迷航》（*Star Trek*）。人们以最有意义的方式——用自己的时间和金钱支持着他们的愿景……婴儿潮一代对NASA有着强烈的怀旧情怀，但他们的重心却已经从"创造未来"转移到了

"维持现状"上，因为他们把在太空探索上花费金钱视为对其未来福祉的威胁。

从一个崇高的层面上来讲，对阿波罗计划的怀旧可以作为美国人在二十一世纪上半叶表现出来的对未来越发缺乏兴趣的一种隐喻。文化重心向维持现状转变，已成为司空见惯的事情。

结 语

总的来说，太空竞赛，特别是登月，应该被视为世界历史上的一个分水岭。这项努力展示出了有关国家的技术才华和经济辉煌，并明确了以科学技术优势作为界限，来划分一个民族或国家成功与否。这项巨大的工程，耗资超过了500亿美元（若按2018年美元计算，约为2500亿美元），只有巴拿马运河的建设才可以在规模上与太空竞赛相媲美。太空竞赛的几项重要"遗产"应该被铭记。

　　第一，也可能是最重要的，美国人赢得了这场比赛，尽管苏联在二十世纪六十年代早期一直拥有领先优势。

　　在这两个国家，特别是在美国，太空竞赛成功地实现了最初的政治目的。到1961年美国宣布登月竞赛前，肯尼迪和赫鲁晓夫一直在处理着一场接一场的冷战危机。在阿波罗11号着陆那一刻，位于休斯敦的飞行任务控制中心把约翰·肯尼迪总统宣布执行阿波罗计划的承诺打在了大屏幕上。那段话后面跟着的是："任务完成，1969年7月。"再没有比这更轻描淡写的了。任何针对阿波罗计划的评估，如果不承认美国人在二十世纪六十年代末之前成功登月并安全返回，就都是不完整、不准确的，因为这就是这项任务的主要目标。

第二，太空竞赛证实了管理方面的成就，它满足了将极为困难的系统工程、技术和组织整合的所有需求。谢尔盖·科罗廖夫一直到1966年1月去世之前，都有效地遏制了机构内部的斗争，让苏联的项目保持在正轨上。他去世之后，再也没有人有足够的声望和睿智来控制这些势力。结果，长期担任科罗廖夫副手的瓦西里·米申无法与具有广泛政治联系的瓦连京·格鲁什科相匹敌，苏联的项目也衰落至一片混乱的局面。二十世纪六十年代初苏联项目取得的成功，就是对从事该项目的工程师和科学家们的技术能力的证明。这引发了一个问题，如果科罗廖夫去世得不是这么突然，结果会有什么不同吗？不难想象，他可能已经整合了资源，并争取到了克里姆林宫的支持，以助其在登月竞赛上击败美国。

事实证明，这种组织才能正是NASA及其高层领导的特点。1961年至1968年，项目鼎盛时期的美国国家航空航天局局长詹姆斯·韦布让他的团队走上正轨，为手下的科学家和工程师们提供所需的资源，并在必要时确保政治上的支持。NASA证明了与其他事情相比，太空竞赛更多的是一项管理工作，同时也证明了技术挑战即便精密复杂又令人印象深刻，却是可以把握的。相比之下，更困难的是要确保这些技术能得到适当的管理和使用。韦布的观点已被阿波罗计划证实。

第三，太空竞赛迫使世界人民以全新的方式来看待地球。它激发了现代环境运动，并为我们了解地球物理特征提供了支持。也许同样重要的是，NASA在二十世纪六十年代执行了极其重要的地球科学目标。事实上，从根本上讲，NASA连同国家海洋和大气管理局（NOAA）一起，成为二十世纪六十年代美国一门新兴学科——"地球系统科学"缘起的关键。在这十年当中，NASA开发了关键性技术，使许多不同的科学学科有可能融合成一个单一的科学研究系统。这在原本专注于认知地球的各类学科中，催生出了跨学科研究。关于大气、海洋、陆地和生物圈组成作为一个综合系统是如何相互作用的，也被纳入其中。这些都来自对气候系统与生物地球化学循环相互作用的研究。

就在NASA利用陆地卫星（*Landsat*）进行研究，来说明土地利用和土地覆盖方面的变化时，人类在此过程中的作用显现了出来。只有通过对现场观测和遥感观测获得的数据进行分析，以及开发复杂的海洋-大气-陆地模型，才有可能做到这一点。不过一直到了太空竞赛时期，这一过程的一个基本要素才体现在卫星的应用上。到二十世纪七十年代，地球系统科学为理解和预测全球环境变化和对区域的影响奠定了基础。

第四，阿波罗计划虽然是一项巨大的成就，却为美国和苏联的太空探索工作留下了分歧。太空竞赛被视为一个黄金时代，这将永远被认为是人类的终极成就，但随着历史渐行渐远，那看上去并不寻常，而更像是一种反常现象了。

例如，阿波罗计划已经有了神话般的特点，但也是喜忧参半的。历史学家亚历克斯·罗兰（Alex Roland）恰如其分地把握了"阿波罗神话"的精髓：是在一种特殊目的下"美国例外论"的重新阐述。在这种背景下，与其说它关乎历史，不如说它是关于部落仪式的交流，旨在安慰老年人和教导年轻人。他在1994年指出：

> 所有令人兴奋的故事都在这里：勇敢而有远见的年轻总统带领美国踏上了一条通往月球和不朽的道路；来自全国各地的40万名工作人员建造了阿波罗飞船；洋溢着正能量的传奇宇航员；水星号和双子星座号的预备性飞行——从艾伦·谢波德以亚轨道弧段进入太空，到约翰·格伦的第一次尝试性轨道飞行，再到双子星座号的交会和太空行走，为阿波罗计划演练了所必需的技术。还有1967年的那场大火，导致三名宇航员死亡，彻底地"烧毁"了阿波罗记录和对"阿波罗"的记忆；1968年圣诞节的绕月飞行，让世人看到了地球从月球上"升起"的景致；巅峰时刻的阿波罗11号和尼尔·阿姆斯特朗的英勇驾驶及谦逊的话语——这是个人的一小步，却是人类的一大步；更富有戏剧性的阿波罗13号，在前往月球的途中发生爆炸后，被改装成一艘"救生艇"，多亏了休斯敦的英雄工程师们，乘组成员才安全返回了地球；以及最后一次阿波罗飞行任务的虎头蛇尾。

罗兰在逐一列举这些发现之旅的过程中，找到了"阿波罗"史诗般的光环。然而，这些任务变成了一个死胡同，而不是一个新开端，再多的英雄赞美，也承受不起这种无法预见的转折。正因如此，阿波罗计划是国家决策过程中一个异常现象，但公众对太空探索"黄金时代"的看法却难以改变。

在太空竞赛正进行时，美国和苏联都没有认识到，这样的奋斗再也不会重演。竞相登月在人类历史上是反常的，它与建造埃及金字塔和欧洲大教堂有着更多的共同之处，而不是任何可能被视为正常公共政策的东西。太空竞赛的象征意义对太空探索的忠实拥护者们具有特殊的吸引力。对他们来说，这意味着太空探索值得特殊考量，投身于大规模太空探索活动的决定极为独特，不应受到质疑。但可悲的是，自上一次登月以来，这种错觉已经影响了不止一代人，在可预见的未来，也不会有什么第二次太空竞赛了。

延伸阅读

书　目

Aldrin, Buzz. *Men from Earth*. New York: Bantam, 1989. Provides an intimate account of how NASA accomplished the national goal of putting an American on the Moon before the end of the decade. Interweaves the story of the U.S.-Soviet race to reach the Moon with the author's firsthand experience flying both the Gemini and Apollo missions during the height of the space race. Aldrin's recounting of his two spaceflights is compelling, especially the account of the nearly aborted *Apollo 11* lunar landing.

————. *Return to Earth*. New York: Bantam, 1973. Describes the celebrity associated with being the second human on the Moon and the author's struggles with alcoholism and depression in the early 1970s. Aldrin writes about the pressure to keep the stress and day-to-day problems inside, and its effect on his marriage, which ended in divorce.

Allday, Jonathan. *Apollo in Perspective: Spaceflight Then and Now*. New York: Institute of Physics Publications, 1999. Takes a retrospective look at the Apollo space program and the technology that was used to land an American on the Moon as a means to explain the basic physics and technology of spaceflight. Also conveys the huge technological strides that were made and the dedication of the people working on the program.

Armstrong, Neil A., et al. *First on the Moon: A Voyage with Neil Armstrong, Michael*

Collins, and Edwin E. Aldrin, Jr. Written with Gene Farmer and Dora Jane Hamblin. Epilogue by Arthur C. Clarke. Boston: Little, Brown, 1970. This is the "official" memoir of the *Apollo 11* landing mission to the Moon in 1969. It was prepared by the ghostwriters Farmer and Hamblin from information made available exclusively to them through a somewhat infamous Time-Life/Field Enterprises contract that excluded the rest of the media from contact with the astronauts' families. Contains much personal information about the astronauts that is not available elsewhere.

Bean, Alan L. *Apollo: An Eyewitness Account by Astronaut/Explorer Artist/Moonwalker.* Shelton, CT: Greenwich Workshop, 1998. This is a large-format discussion of Apollo written by an *Apollo 12* crewmember and illustrated with his unique artwork.

Beattie, Donald A. *Taking Science to the Moon: Lunar Experiments and the Apollo Program.* Baltimore: Johns Hopkins University Press, 2001. A history of the lunar science undertaken during Project Apollo. Beattie gives a firsthand account of efforts by NASA scientists to do more to include science payloads on Apollo missions despite opposition from mission engineers, who envisioned a direct round-trip shot with as much margin for error as possible.

Benjamin, Marina. *Rocket Dreams: How the Space Age Shaped Our Vision of a World Beyond.* New York: Free Press, 2003. The author ruminates on the scarred space-flight culture that Apollo created and the later space program destroyed. She visits Roswell, New Mexico, with its alien kitsch, and the Kennedy Space Center in Cocoa Beach, Florida, with its gigantic rocket assembly buildings and launch complexes and reminders of the heyday of Apollo, when humans went to the Moon.

Benson, Charles D., and William Barnaby Faherty. *Moonport: A History of Apollo Launch Facilities and Operations.* Washington, DC: NASA SP-4204, 1978. An excellent official history of the design and construction of the lunar launch facilities at Kennedy Space Center. This book was reprinted in 2001 as a two-volume paperback by University Press of Florida under the titles *Gateway to the Moon: Building the Kennedy Space Center Launch Complex* and *Moon Launch! A History of the Saturn-Apollo Launch Operations.*

Bilstein, Roger E. *Stages to Saturn: A Technological History of the Apollo/Saturn Launch Vehicles.* Washington, DC: NASA SP-4206, 1980, rpt. ed. 1996. This thorough and well-written book gives a detailed but highly readable account of the enormously complex process whereby NASA and especially the Marshall Space Flight Center under the direction of Wernher von Braun developed the launch vehicles used in the Apollo program ultimately to send twelve humans to the Moon. Based on exhaustive research and equipped with extensive bibliographic references, this book comes as close to being a definitive history of the Saturn rocket program as is likely ever to appear. Reprinted in 2002 by University Press of Florida.

Borman, Frank, with Robert J. Serling. *Countdown: An Autobiography*. New York: William Morrow, Silver Arrow, 1988. Written to appear on the twentieth anniversary of the first lunar landing, this autobiography spans much more than the Apollo program. It recounts Borman's life in aeronautics, first as a military flier, then as a test pilot, and finally as president of Eastern Airlines.

Brooks, Courtney G., James M. Grimwood, and Loyd S. Swenson, Jr. *Chariots for Apollo: A History of Manned Lunar Spacecraft*. Washington, DC: NASA SP-4205, 1979. Based on exhaustive documentary and secondary research as well as 341 interviews, this well-written volume covers the design, development, testing, evaluation, and operational use of the Apollo spacecraft through July 1969.

Burgess, Colin, ed. *Footprints in the Dust: The Epic Voyages of Apollo, 1969–1975*. Lincoln: University of Nebraska Press, 2010. This book covers the flights of the Apollo program from *Apollo 11* through the Apollo-Soyuz mission in 1975.

Burgess, Colin, and Kate Doolan, with Bert Viz. *Fallen Astronauts: Heroes Who Died Reaching for the Moon*. Lincoln: University of Nebraska Press, 2017. This book tells the stories of the astronauts who died while employed by NASA.

Burrows, William E. *This New Ocean: The Story of the First Space Age*. New York: Random House, 1998. A comprehensive history of spaceflight, which tries to do too much but succeeds in explaining the political, technical, scientific, economic, and cultural history of humanity's recent adventure in space.

Cadbury, Deborah. *Space Race: The Epic Battle between America and the Soviet Union for the Dominion of Space*. New York: Harper Perennial, 2007. A journalistic account of the race to the Moon.

CBS News. *10:56:20 PM EDT, 7/20/69: The Historic Conquest of the Moon as Reported to the American People*. New York: Columbia Broadcasting System, 1970. As the title suggests, this is an attempt to capture in print and pictures the reporting on humankind's first landing on the Moon during *Apollo 11*. More useful in capturing the immediacy of the moment than in providing an historical assessment of the event and its significance.

Cernan, Eugene, with Donald A. Davis. *The Last Man on the Moon: Astronaut Eugene Cernan and America's Race in Space*. New York: St. Martin's, 1999. Gene Cernan, the last person to walk on the Moon, presents this memoir that starts with his childhood days outside Chicago, through college life at Purdue and his early career as a naval aviator, culminating with his career as an astronaut with his flight to the Moon on *Apollo 17*.

Chaikin, Andrew. *A Man on the Moon: The Voyages of the Apollo Astronauts*. New York: Viking, 1994. One of the best books on Apollo, this work emphasizes the exploration of the Moon by the astronauts between 1968 and 1972.

Chapman, Richard L. *Project Management in NASA: The System and the Men*. Washington, DC: NASA SP-324, 1973. Based on almost 150 interviews and contributions by NASA officials, this volume provides a useful look at NASA's project management system that contributed significantly to the success of the Apollo program.

Collins, Michael. *Carrying the Fire: An Astronaut's Journeys*. New York: Farrar, Straus and Giroux, 1974. This is the first candid book about life as an astronaut, written by the member of the *Apollo 11* crew who remained in orbit around the Moon. The author comments on other astronauts, describes the seemingly endless preparations for flights to the Moon, and assesses the results.

Compton, W. David, and Charles D. Benson. *Living and Working in Space: A History of Skylab*. Washington, DC: NASA SP-4208, 1983. The official NASA history of Skylab, an orbital workshop placed in orbit in the early 1970s.

———. *Where No Man Has Gone Before: A History of Apollo Lunar Exploration Missions*. Washington, DC: NASA SP-4214, 1989. This clearly written account traces the scientific aspects of the Apollo program.

Cortright, Edgar M., ed. *Apollo Expeditions to the Moon*. Washington, DC: NASA SP-350, 1975. This large-format volume, with numerous illustrations in both color and black and white, contains essays by numerous luminaries ranging from NASA Administrator James E. Webb to astronauts Michael Collins and Buzz Aldrin.

Ezell, Edward Clinton, and Linda Neuman Ezell. *The Partnership: A History of the Apollo-Soyuz Test Project*. Washington, DC: NASA SP-4209, 1978. An outstanding detailed study of the effort by the United States and the Soviet Union in the mid-1970s to conduct a joint human spaceflight.

Fowler, Eugene. *One Small Step: Project Apollo and the Legacy of the Space Age*. New York: Smithmark, 1999. This is a large-format "coffee table" history. Rather than focus just on the Apollo program itself, the book splits its contents almost evenly between the history of Apollo and the cultural impact of the space age.

Fries, Sylvia D. *NASA Engineers and the Age of Apollo*. Washington, DC: NASA SP-4104, 1992. This book is a sociocultural analysis of a selection of engineers at NASA who worked on Project Apollo. The author makes extensive use of oral history, providing both a significant appraisal of NASA during its "golden age" and important documentary material for future explorations.

Goldstein, Stanley H. *Reaching for the Stars: The Story of Astronaut Training and the Lunar Landing*. New York: Praeger, 1987. This is a detailed account of the development and management of the astronaut training program for Project Apollo.

Gray, Mike. *Angle of Attack: Harrison Storms and the Race to the Moon*. New York: Norton, 1992. This is a lively journalistic account of the career of Harrison Storms, president of the Aerospace Division of North American Aviation, which built the Apollo capsule. Because of the Apollo 204 fire that killed three astronauts in January 1967, Storms and North American Aviation got sucked into a controversy over accountability and responsibility. In the aftermath Storms was removed from oversight of the project. The most important aspect of this book is its discussion of the Apollo fire and responsibility for it from the perspective of industry. It lays the blame at NASA's feet and argues that Storms and North American were mere scapegoats.

Hall, Eldon C. *Journey to the Moon: The History of the Apollo Guidance Computer*. Reston, VA: American Institute of Aeronautics and Astronautics, 1996. A detailed history of the development of the pioneering guidance computer built for the Apollo lunar module by MIT's Draper Laboratory. The author was a senior participant in this effort.

Hallion, Richard P., and Tom D. Crouch, eds. *Apollo: Ten Years since Tranquility Base*. Washington, DC: Smithsonian Institution Press, 1979. This is a collection of essays developed for the National Air and Space Museum, commemorating the tenth anniversary of the first landing on the Moon, July 20, 1969. It consists of sixteen essays mostly written directly for the National Air and Space Museum by a variety of experts.

Hansen, James R. *First Man: The Life of Neil A. Armstrong*. New York: Simon and Schuster, 2005. This is the standard biography of Armstrong.

Hardesty, Von, and Gene Eisman. *Epic Rivalry: The Inside Story of the Soviet and American Space Race*. Washington, DC: National Geographic, 2007. A solid attempt to tell the story of the space race, written at the fiftieth anniversary of *Sputnik*.

Harford, James J. *Korolev: How One Man Masterminded the Soviet Drive to Beat America to the Moon*. New York: John Wiley, 1997. The first English-language biography of the Soviet "chief designer," who directed the projects that were so successful in the late 1950s and early 1960s in energizing the Cold War rivalry for space supremacy.

Harland, David M. *Exploring the Moon: The Apollo Expeditions*. Chichester, England:

Wiley-Praxis, 1999. This work focuses on the exploration and science missions carried out by Apollo astronauts while on the lunar surface.

Johnson, Stephen B. *The Secret of Apollo: Systems Management in American and European Space Programs.* Baltimore: Johns Hopkins University Press, 2002. This book skilfully interweaves technical details and fascinating personalities to tell the history of systems management in the United States and Europe. It is a very important work that uses Apollo as a key example.

Kauffman, James L. *Selling Outer Space: Kennedy, the Media, and Funding for Project Apollo, 1961–1963.* Tuscaloosa: University of Alabama Press, 1994. A straightforward history, but one that is quite helpful, of the public image-building efforts of NASA and the relation of that image to public policy.

Kelly, Thomas J. *Moon Lander: How We Developed the Lunar Module.* Washington, DC: Smithsonian Institution Press, 2001. An outstanding memoir of the building of the lunar module, written by the Grumman engineer who led the effort.

Kluger, Jeffrey. *Apollo 8: The Thrilling Story of the First Mission to the Moon.* New York: Henry Holt, 2017. A retelling of the *Apollo 8* mission through the eyes of the crew of the mission.

Kraft, Christopher C., with James L. Schefter. *Flight: My Life in Mission Control.* New York: E. P. Dutton, 2001. Full of anecdotes, this memoir of Mission Control in Houston is most entertaining.

Kranz, Gene. *Failure Is Not an Option: Mission Control from Mercury to Apollo 13 and Beyond.* New York: Simon and Schuster, 2000. A good memoir of Mission Control.

Lambright, W. Henry. *Powering Apollo: James E. Webb of NASA.* Baltimore: Johns Hopkins University Press, 1995. This is an excellent biography of James E. Webb, who served as NASA administrator between 1961 and 1968, the critical period in which Project Apollo was under way. During his tenure NASA developed the modern techniques necessary to coordinate and direct the most complex technological enterprise in human history, the sending of human beings to the Moon and bringing them safely back to Earth.

Launius, Roger D. *Apollo: A Retrospective Analysis.* Washington, DC: NASA SP-2004-4503, 1994, 2nd ed. 2004. A short study of Apollo's history with key documents.

———. *NASA: A History of the U.S. Civil Space Program.* Melbourne, FL: Krieger, 1994, rev. ed. 2001. A short book in the Anvil Series, this history of U.S. civilian space efforts consists half of narrative and half of documents. It contains three chapters on the Apollo program, but while coverage consists more of overview than detailed analysis, the approach is broadly analytical and provides the most recent general treatment of its topic.

Levine, Arnold S. *Managing NASA in the Apollo Era.* Washington, DC: NASA SP-

4102, 1982. A narrative account of NASA from its origins through 1969, this book analyzes key administrative decisions, contracting, personnel, the budgetary process, headquarters organization, relations with the Department of Defense, and long-range planning.

Liebergot, Sy, and David M. Harland. *Apollo EECOM: The Journey of a Lifetime*. Burlington, ON: Apogee, 2003. The autobiography of one of the key members of Mission Control in Houston during the Apollo program.

Light, Michael. *Full Moon*. New York: Alfred A. Knopf, 1999. In this book Michael Light has woven 129 of these stunningly clear images into a single composite voyage, a narrative of breathtaking immediacy and authenticity.

Lindsay, Hamish. *Tracking Apollo to the Moon*. New York: Springer Verlag, 2001. A history of the Apollo program from the perspective of an Australian involved in the tracking of the spacecraft that went to the Moon.

Logsdon, John M., gen. ed. *Exploring the Unknown: Selected Documents in the History of the U.S. Civil Space Program*. 6 vols. Washington, DC: NASA Special Publication-4407, 1995–2004. An essential reference work, these volumes print more than 700 key documents in space policy and its development throughout the twentieth century.

———. *John F. Kennedy and the Race to the Moon*. New York: Palgrave Macmillan, 2010. This study, based on extensive research in primary documents and archival interviews with key members of the Kennedy administration, is the definitive examination of John Kennedy's role in sending Americans to the Moon. Among other revelations, the author finds that after the Cuban missile crisis in 1962, JFK pursued an effort to turn Apollo into a cooperative program with the Soviet Union.

Lovell, Jim, and Jeffrey Kluger. *Lost Moon: The Perilous Voyage of Apollo 13*. Boston: Houghton Mifflin, 1994. After the 1995 film *Apollo 13*, no astronaut had more fame than Jim Lovell, commander of the ill-fated mission to the Moon in 1970. This book is his recollection of the mission and the record on which the theatrical release was based.

Mackenzie, Dana, *The Big Splat, or How Our Moon Came to Be*. Hoboken, NJ: John Wiley, 2003. A fine discussion of how the science of Apollo led to a new interpretation of the origins of the Moon.

Maher, Neil M. *Apollo in the Age of Aquarius*. Cambridge: Harvard University Press, 2017. A major reinterpretation of the Apollo program and its relationship to the counterculture of the 1960s.

Mailer, Norman. *Of a Fire on the Moon*. Boston: Little, Brown, 1970. One of the foremost contemporary American writers, Mailer was commissioned to write about the first lunar landing. The book reflects Mailer's 1960s countercultural mindset in meeting its antithesis, a NASA steeped in middle-class values and reverence for the American flag and culture.

Makemson, Harlen. *Media, NASA, and America's Quest for the Moon.* New York: Peter Lang, 2009. A study of media's reporting on the lunar program.

McCurdy, Howard E. *Inside NASA: High-Technology and Organization Change in the U.S. Space Program.* Baltimore: Johns Hopkins University Press, 1993. A major study showing change to the organizational culture from the Apollo era to the present.

———. *Space and the American Imagination.* Washington, DC: Smithsonian Institution Press, 1997. A pathbreaking study of the relationship between space and American culture.

McDougall, Walter A. *. . . the Heavens and the Earth: A Political History of the Space Age.* New York: Basic, 1985. This Pulitzer Prize–winning book analyzes the race to the Moon in the 1960s. The author, then teaching at the University of California, Berkeley, argues that Apollo prompted the space program to stress engineering over science, competition over cooperation, civilian over military management, and international prestige over practical applications. While he recognizes Apollo as a "magnificent achievement," he concludes that it was also enormously costly. Emphasizing the effect of space upon American society, this history focuses on the role of the state as a promoter of technological progress.

Mindell, David. *Digital Apollo: Human and Machine in Spaceflight.* Cambridge: MIT Press, 2011. An important study of the development of the Apollo guidance computer.

Mitchell, Edgar D., with Dwight Williams. *The Way of the Explorer: An Apollo Astronaut's Journey through the Material and Mystical Worlds.* New York: G. P. Putnam, 1996. A member of the *Apollo 14* crew, Mitchell presents a smooth blend of autobiography and exegesis, commenting at length on the experiments in extrasensory perception he conducted on the flight and on his spiritual journey since returning to Earth.

Mitchell, Edgar, and Ellen Mahoney, *Earthrise: My Adventures as an Apollo 14 Astronaut.* Chicago: Chicago Review Press, 2014. This is the inspiring and fascinating biography of the sixth man to walk on the Moon. Of the nearly seven billion people who live on Earth, only twelve have walked on the Moon, and Edgar Mitchell was one of them. *Earthrise* is a vibrant memoir for young adults featuring the life story of this internationally known *Apollo 14* astronaut. The book focuses on Mitchell's amazing journey to the Moon in 1971 and highlights the many steps he took to get there. In engaging and suspenseful prose, he details his historic flight to the Moon, describing everything from the very practical (eating, sleeping, and going to the bathroom in space) to the metaphysical (experiencing a life-changing connectedness to the universe).

Monchaux, Nicholas de. *Spacesuit: Fashioning Apollo*. Cambridge: MIT Press, 2011. This scintillating and innovative book explores layers of the space suit to tell the human story of its construction and use, as well as the stories of those who made and used it.

Montgomery, Scott L. *The Moon and the Western Imagination*. Tucson: University of Arizona Press, 1999. The author has produced a richly detailed analysis of how the Moon has been visualized in Western culture through the ages, revealing the faces it has presented to philosophers, writers, artists, and scientists for nearly three millennia.

Murray, Charles A., and Catherine Bly Cox. *Apollo: The Race to the Moon*. New York: Simon and Schuster, 1989. Rpt. ed., Burkittsville, MD: South Mountain, 2004. Perhaps the best general account of the lunar program, this history uses interviews and documents to reconstruct the stories of the people who participated in Apollo.

Neufeld, Michael J. *Von Braun: Dreamer of Space, Engineer of War*. New York: Alfred A. Knopf, 2007. This is the standard work on the life of the rocket pioneer and the godfather of the Saturn V rocket that took astronauts to the Moon.

Oberg, James E. *Red Star in Orbit*. New York: Random House, 1981. Written by one of the premier Soviet space watchers, this history of the Soviet space program is among the best published in English before the fall of the Soviet Union in 1989. Based mostly on Western sources, it describes what was then known of the Soviet Union's efforts to land a cosmonaut on the Moon before the U.S. Apollo landing in 1969.

Oliver, Kendrick. *To Touch the Face of God: The Sacred, the Profane, and the American Space Program, 1957–1975*. Baltimore: Johns Hopkins University Press, 2012. This is an underappreciated aspect of the ideology of human spaceflight. While historians have expended great effort to understand the influence of the Cold War in explaining the United States' embarkation in the difficult task of exploring space with humans, we have done little more than tangentially recognize that there seems to be something more to the support for human spaceflight than just practicality and realpolitik.

Oreskes, Naomi, and John Krige, eds. *Science and Technology in the Global Cold War*. Cambridge: MIT Press, 2014. An important collection of essays, especially Asif A. Siddiqi's "Fighting Each Other: The N-1, Soviet Big Science, and the Cold War at Home."

Orloff, Richard G., compiler. *Apollo by the Numbers: A Statistical Reference*. Washington, DC: NASA SP-2000-4029, 2000. An excellent statistical reference.

Paul, Richard, and Steven Moss. *We Could Not Fail: The First African Americans in the Space Program*. Austin: University of Texas Press, 2015. A major reinterpretation of the place of African-American engineers and scientists in the Apollo program.

Pellegrino, Charles R., and Joshua Stoff. *Chariots for Apollo: The Making of the Lunar Module*. New York: Atheneum, 1985. A popular though not always accurate discussion of the development of the lunar module by the Grumman Aerospace Corporation.

Poole, Robert. *Earthrise: How Man First Saw the Earth*. New Haven: Yale University Press, 2008. A pathbreaking book on the *Apollo 8* mission and the "Earthrise" photograph that captured the global imagination.

Reynolds, David West. *Apollo: The Epic Journey to the Moon, 1963–1972*. New York: Zenith, 2013, rpt. Featuring a wealth of rare photographs, artwork, and cutaway illustrations, the book recaptures the excitement of the United States' journey to the Moon.

Schirra, Wally, and Richard N. Billings. *Schirra's Space*. Annapolis: Naval Institute Press, 1995. Wally Schirra was the only one of the original seven NASA astronauts to command a spacecraft in all three pioneering space programs—Mercury, Gemini, and Apollo.

Scott, David Meerman, and Richard Jurek. *Marketing the Moon: The Selling of the Apollo Lunar Program*. Cambridge: MIT Press, 2014. An illustrated work on the sophisticated efforts by NASA and its many contractors to market the facts about space travel—through press releases, bylined articles, lavishly detailed background materials, and fully produced radio and television features—rather than push an agenda.

Shayler, David J. *Apollo: The Lost and Forgotten Missions*. Chichester, England: Springer-Praxis, 2002. A discussion of planning for the aborted *Apollo 18, 19, and 20* missions.

Shepard, Alan, and Deke Slayton. *Moonshot: The Inside Story of America's Race to the Moon*. New York: Turner, 1994. Based on the recollections of two of the original Mercury Seven astronauts chosen in 1959, this book is a disappointing general history of human space exploration by NASA from the first flight in 1961 through the last Apollo landing in 1972.

Siddiqi, Asif A. *Challenge to Apollo: The Soviet Union and the Space Race, 1945–1974*. Washington, DC: NASA SP-2000-4408, 2000. The Soviet side of the race to the Moon. Reprinted as a two-volume paperback by University Press of Florida in 2003.

———. *The Red Rockets' Glare: Spaceflight and the Soviet Imagination, 1857–1957*. New York: Cambridge University Press, 2010. A seminal study of the origins of the Soviet space program.

Slayton, Donald K., and Michael Cassutt. *Deke! U.S. Manned Space, From Mercury to the Shuttle*. New York: Forge, 1995. This is the autobiography of one of the original Mercury Seven astronauts, selected in April 1959 to fly in space. Deke Slayton served as a NASA astronaut during Projects Mercury, Gemini, Apollo, Skylab, and the Apollo-Soyuz Test Project (ASTP), and while he was originally scheduled to pilot the Mercury-Atlas 7 mission, he was relieved of this assignment due to a mild occasional irregular heart palpitation discovered in August 1959. His only spaceflight took place in July 1975 as a crewmember aboard the ASTP mission.

Smith, Andrew. *Moondust: In Search of the Men Who Fell to Earth*. New York: Fourth Estate, 2005. The author interviewed all the remaining Apollo astronauts, seeking to learn how their lives had changed because of the experience. This book is a remarkable statement of the lives of this elite group of Americans. Some remain household names, such as Neil Armstrong, who has carried his celebrity experience with both dignity and honor. Many are unknown to all except the space community. Some are garrulous and easy to talk to, others are aloof and guarded. Smith found that all were fundamentally changed by the Apollo experience.

Stafford, Thomas P., and Michael Cassutt. *We Have Capture: Tom Stafford and the Space Race*. Washington, DC: Smithsonian Institution Press, 2002. This is a fine book that is sure to benefit all readers interested in America's adventure in space. Tom Stafford is one of America's most significant astronauts, although he is less well known than some of the others. Stafford made four spaceflights— *Gemini 6*, *Gemini 9*, *Apollo 10*, and Apollo-Soyuz Test Project (ASTP)—but he was especially significant for his efforts since the 1970s as the unofficial ambassador to the Soviet Union for space, and for his key roles in defining space policy in the United States.

Steven-Boniecki, Dwight. *Live TV from the Moon*. Burlington, ON: Apogee, 2010. The book covers the earliest known proposals of television coverage on lunar missions and the constant battle internal politics placed upon the inclusion of the TV system on Apollo missions. Closely related subjects such as the slow scan conversion and later color conversion are discussed, and overviews are included for each piloted Apollo mission and the role TV played in covering the flight.

Sullivan, Scott P. *Virtual Apollo: A Pictorial Essay of the Engineering and Construction of the Apollo Command and Service Modules*. Burlington, ON: Apogee, 2003. A collection of exceptionally accurate drawings of Apollo hardware.

Swanson, Glen E., ed. *"Before This Decade Is Out . . .": Reflections on the Apollo Program*. Washington, DC: NASA Special Publication-4223, 1999. A collection of oral histories with some of the key individuals associated with Project Apollo, including George Mueller, Gene Kranz, James Webb, and Wernher von Braun. Rpt. 2002 by University Press of Florida.

Thomas, Andrew R., and Paul N. Thomarios. *The Final Journey of the Saturn V*. Akron, OH: University of Akron Press, August 2011. The Saturn V can be considered one of humankind's greatest achievements. Unfortunately, the demise of the Apollo program left the unused Saturn launch vehicles to rot outside, where they became home to flora and fauna. Hoping not only to resurrect the physical rocket, but also to bring the complete Moon adventure back to life, the Smithsonian Institution and other prominent partners laid out plans to create a total "mission experience" destination at Kennedy Space Center. A key component of the plan was the complete restoration of the Saturn V by Paul Thomarios.

Tribbe, Matthew D. *No Requiem for the Space Age: The Apollo Moon Landings and American Culture*. New York: Oxford University Press, 2014. Offers a portrait of a nation questioning its values and capabilities with Apollo as the center of this debate.

Turnill, Reginald. *The Moonlandings: An Eyewitness Account*. New York: Cambridge University Press, 2002. Longtime BBC aerospace reporter Turnill gives a comprehensive overview of the Apollo program, including its origins in America's post-*Sputnik* panic, the preliminary Mercury and Gemini programs, the drama of the *Apollo 11* landing and the *Apollo 13* near-disaster, as well as the program's demise amid waning public interest, rising costs, and a general sense that the Moon launches had accomplished all they could accomplish.

Webb, James E. *Space Age Management: The Large-Scale Approach*. New York: McGraw-Hill, 1969. Based on a series of lectures, this book by the former NASA administrator tried to apply the concepts of large-scale technological management employed in Apollo to the other problems of society.

Wendt, Guenter, and Russell Still. *The Unbroken Chain*. Burlington, ON: Apogee, 2001. Memoirs are in vogue for the Apollo pioneers. Guenter Wendt was the legendary "pad leader" for all the human space launches from the first Mercury mission in 1961 through the last Apollo flights.

Westwood, Lisa, Beth Laura O'Leary, and Milford Wayne Donaldson. *The Final Mission: Preserving NASA's Apollo Sites*. Gainesville: University Press of Florida, 2017. A discussion of the historic sites of the Apollo program and how they might be preserved.

Wilford, John Noble. *We Reach the Moon: The New York Times Story of Man's Greatest*

Adventure. New York: Bantam, 1969. One of the earliest of the journalistic accounts to appear at the time of *Apollo 11*; a key feature of this general, undistinguished history is a sixty-four-page color insert with photographs of the mission. It was prepared by the science writer of the *New York Times* using his past articles.

Wilhelms, Don E. *To a Rocky Moon: A Geologist's History of Lunar Exploration*. Tucson: University of Arizona Press, 1993. This detailed account of lunar exploration and science strikes a balance between personal memoir and history. As history it provides an exhaustive and contextual account of lunar geology during the 1960s and 1970s, and a less comprehensive detailed but informative account for the rest of the century. As memoir it provides an engaging story of the scientific exploration of the Moon as seen by one of the field's more important behind-the-scenes scientists.

Worden, Al, and French Francis. *Falling to Earth: An Apollo 15 Astronaut's Journey to the Moon*, New York: Smithsonian Books, July 2011. As command module pilot for the *Apollo 15* mission to the Moon in 1971, Al Worden flew on what is widely regarded as the greatest exploration mission that humans have ever attempted.

Young, John W., with James R. Hansen. *Forever Young: A Life of Adventure in Air and Space*. Gainesville: University Press of Florida, 2012. An astronaut's personal experiences in Gemini, Apollo, and beyond.

Zimmerman, Robert. *Genesis: The Story of Apollo 8*. New York: Four Walls Eight Windows, 1998. A detailed account of the December 1968 circumlunar mission to the Moon of Frank Borman, Bill Anders, and Jim Lovell.

电影及录像作品

America in Space: The First 40 Years. 1996. Finley-Holiday Film Corp. 51-minute video general history of space exploration by the United States.

Apollo 11: A Night to Remember. 2009. Acorn Media. Paul Vanezis, director. 118-minute DVD. Using rare archival footage from the BBC, this two-hour documentary compiles the sights, sounds, and electrifying drama of humanity's first footsteps on the Moon. Astronomer Sir Patrick Moore and veteran newsmen cover events as they happened from the launchpad in Cape Kennedy, Mission Control in Houston, and the BBC desk in London.

Apollo Moon Landings: Out of This World. 1996. Finley-Holiday Film Corp. 56-minute video providing a general narrative of the Apollo program.

Apollo 17: Final Footprints on the Moon. 2012. Midnight Pulp Productions. 50-minute DVD and instant download. A tribute to three astronauts and the thousands of men and women behind them during the final days of NASA's Apollo program.

Apollo 13. 1995. Feature film directed by Ron Howard and produced by Brian Grazer. Screenplay by William Broyles, Jr., and Al Reinert. One of the best feature films ever made about the U.S. space program, this work captures the dynamism and drama of the near-disastrous mission without sinking to hagiography or mendacity. Tom Hanks as astronaut Jim Lovell and Ed Harris as mission controller Gene Kranz stand out in a fine ensemble cast. Unlike most Hollywood productions, this work paid close attention to historical detail and captured the reality of the mission.

Apollo 13—Journey to the Moon, Mars, and Back. 2006. NOVA, Noel Buckner and Rob Whittlesey, directors. 270-minute DVD. Tells the gripping, true story of the catastrophic flight of *Apollo 13* and the heroic struggle to bring the astronauts back alive. With firsthand accounts from the pilots, their families, and the people of Mission Control, it documents a thrilling struggle against time and odds and serves as a reminder that, in the words of James Lovell, "We do not realize what we have on Earth until we leave it."

Apollo 13—NASA's Historical Film. 1995. Finley-Holiday Film Corp. 60-minute video history of the mission originally produced by NASA not long after the flight but rereleased in VHS format for educational institutions.

Apollo 13: To the Edge and Back. 1994. WGBH Boston. Written, produced, and directed by Noel Buckner and Rob Whittlesey. 56-minute video history of the mission.

First Man. 2018. Feature film directed by Damien Chazelle. Screenplay by Josh Singer. Based on the book by James R. Hansen, this biopic of Neil A. Armstrong depicts the first Moon landing.

For All Mankind. 1989. 80-minute documentary film produced and directed by Al Reinert. Deals with the Apollo missions, and uses only actual visuals from the missions and the narratives of the astronauts on the missions.

History of Spaceflight: Reaching for the Stars. 1996. Finley-Holiday Film Corp. 60-minute video history of NASA hosted by Alan Shepard.

In the Shadow of the Moon. 2008. VELOCITY / THINKFILM. 110-minute DVD by David Sington. Film vividly communicates the daring and the danger, the pride and the passion, of this era in American history. Between 1968 and 1972, the world watched in awe each time an American spacecraft voyaged to the Moon. Only twelve American men walked upon its surface, and they remain the only human beings to have stood on another world. The film combines archival material from the original NASA film footage, much of it never before seen, with interviews with the surviving astronauts, including Jim Lovell (*Apollo 8* and *13*), Dave Scott (*Apollo 9* and *15*), John Young (*Apollo 10* and *16*), Gene Cernan

(*Apollo 10* and *17*), Mike Collins (*Apollo 11*), Buzz Aldrin (*Apollo 11*), Alan Bean (*Apollo 12*), Edgar Mitchell (*Apollo 14*), Charlie Duke (*Apollo 16*) and Harrison Schmitt (*Apollo 17*). The astronauts emerge as eloquent, witty, emotional, and very human.

Man on the Moon with Walter Cronkite. 2009. 2-DVD set. CBS. Presents the 1969 Moon-landing telecast.

Mission to the Moon. 1986. Signature Productions. Directed by Christine Solinski. Written and produced by Blaine Baggett. 56-minute video on the Apollo program narrated by Martin Sheen.

Moonshot. 1994. TBS Productions. Produced and directed by Kirk Wolfinger. 200-minute dramatization, with archival footage, of the history of the human space-flight program since the 1950s, hosted by Barry Corbin.

NASA: 50 Years of Space Exploration. 2006. Madacy. 1,026-minute DVD collection. These five DVDs present the most thrilling moments in U.S. space exploration, while also examining the heartbreaking events when tragedy struck the astronauts. Includes Mercury, Gemini, and Apollo, as well as Skylab, ASTP, Space Shuttle, and the space station through NASA's fifty-year history.

One Giant Leap. 1994. Barraclough Carey Productions for Discovery Network. Directed by Steve Riggs. Produced by George Carey. Documentary on Project Apollo.

The Right Stuff. 1983. Feature film directed by Philip Kaufman and produced by Irwin Winkler and Robert Chartoff. Screenplay by Kaufman, based on the book by Tom Wolfe. A cast of relative unknowns at the time depicted the development of aeronautics and astronautics from 1947 through the Mercury program. Scott Glenn as Alan Shepard and Ed Harris as John Glenn captured the essence of being an astronaut. A box-office hit, the film also won four Academy Awards.

To the Moon and Beyond . . . 1994. SunWest Media Group. 56-minute video discusses Apollo program and recent history of space exploration.

When We Left Earth—The NASA Missions. 2007. Discovery Channel. 258-minute DVD. To celebrate fifty years of incredible achievements, the Discovery Channel partnered with NASA to reveal the epic struggles, tragedies, and triumphs of the human spaceflight program. Along with the candid interviews of the people who made it happen, hundreds of hours of never-before-seen film footage from the NASA archives—including sequences on board the actual spacecraft in flight—were carefully restored, edited, and compiled for this collection.